T0248409

Antonio Lozano Domènech

La sabiduría
del no saber

**Actualizar los conocimientos
que cambiarán nuestra vida**

editorial Kairós

© 2022 Antonio Lozano Domènech

© de la edición en castellano:
2023 by Editorial Kairós, S.A.
www.editorialkairos.com

Fotocomposición: Grafime Digital S.L. 08027 Barcelona
Diseño cubierta: Editorial Kairós
Impresión y encuadernación: Índice. 08040 Barcelona

Primera edición: Marzo 2023
ISBN: 978-84-1121-135-2
Depósito legal: B 2.262-2023

Sumario

Introducción: nuestra civilización tiene una actualización pendiente de instalar

La mayoría de seres humanos tenemos creencias obsoletas, sobre cómo es la realidad física, social e individual en la que transcurren nuestras vidas. Creencias que fueron vigentes en el paradigma científico de principios del siglo XX, pero que ya no lo son en la actualidad.

Utilizando un símil informático, el ordenador nodriza de nuestra civilización está pendiente de una actualización. Hace varias décadas que disponemos del nuevo software, pero no lo hemos instalado y mantenemos nuestro sistema operativo funcionando con programas caducados.

Albert Einstein, Max Planck, Niels Bohr, Stephen Hawking, Werner Heisenberg, Lynn Margulis, Lisa Feldman, Sigmund Freud, Carl Gustav Jung, Jean Piaget, Peter L. Berger & Thomas Luckmann, Pierre Bourdieu & Jean-Claude Passeron y muchos otros científicos contemporáneos han ampliado las fronteras de la ciencia y cambiado la cosmovisión de la realidad física, social e individual en la que vivimos.

Actualizar nuestro conocimiento científico de acuerdo con este nuevo paradigma nos permitirá conocer la naturaleza sutil de la aparente realidad física sólida; cómo se forman nuestras creencias; las claves del éxito de nuestro aprendizaje; cómo las emociones y el inconsciente son los principales activadores de nuestro comportamiento, y no la razón o la voluntad. Será posible comprender las bases científicas de la ausencia de libre albedrío. Podremos comprobar cómo la colaboración y no la competencia ha sido la clave de la evolución humana y del resto de especies.

Necesitamos poner al día los contenidos educativos, las explicaciones informativas y también nuestro comportamiento individual y social, implementando estos nuevos conocimientos en la vida diaria.

Con la versión obsoleta de la realidad, expulsamos el asombro y nos invitamos a la depresión, a explicar que nosotros y lo que nos rodea es tan poco como lo que nuestros instrumentos pueden ver y medir. Sin embargo, resulta que no; que, como la ciencia nos muestra, el universo al que pertenecemos es insondable y difícil de comprender para nuestra mente racional. Por lo tanto, es fácil intuir que, si somos parte de este universo, significa que somos como él, y por tanto debemos reajustar la mirada y traer de vuelta el asombro a nuestra vida cotidiana.

Algunos de los postulados de este libro pueden resultar difíciles de aceptar en una primera lectura, ya que cuestionan de raíz nuestro mapa mental sobre la condición humana. Os invito a superar esa primera reacción y seguir leyendo, porque así podréis comprobar que son enfoques objetivos y contrastados por estudios empíricos, que invitan a la reflexión y ayudan a cambiar nuestras creencias y en consecuencia nuestra conducta.

Abrirnos a conocer e integrar el conocimiento científico vigente nos permitirá colocarnos en la rampa de salida hacia un salto de civilización y de conciencia, pero primero necesitamos desechar la fantasía de que conocemos la realidad en la que vivimos y que además la podemos controlar. Necesitamos aceptar nuestra enorme ignorancia y nuestra interdependencia y a partir de ahí reconstruir el rol que nuestra especie puede desempeñar en el sofisticado y preciso mecanismo del universo en el que vivimos.

Los seres humanos tenemos una maravillosa oportunidad de cambio, que por primera vez en nuestra historia puede llevarnos a un salto evolutivo sin precedentes o a la desaparición de nuestra especie. Está en nuestras manos, ya que lo que tenemos que hacer es menos en casi todo.

El reto no está en descubrir tecnologías disruptivas y seguir comportándonos igual. El gran desafío está en abandonar tecnologías y comportamientos que ya tenemos y que no son sostenibles, ni nos hacen felices a la absoluta mayoría. Está en actualizar y posteriormente reiniciar el sistema operativo de nuestra civilización con una educación que expanda los conocimientos que ya tenemos, pero que no llevamos a la práctica de nuestras vidas cotidianas.

La sabiduría del no saber permite una aproximación cierta, inclusiva y abierta a las cuatro realidades en las que se desarrolla nuestra vida: la realidad física, social, económica e individual.

Cierta, porque parte de dos tesis contrastadas: primera, las ciencias físicas reconocen su ignorancia casi total del 96% de la realidad física y un desconocimiento parcial del otro 4%. Segunda, las ciencias sociales reconocen ignorar la ubicación y naturaleza de nuestra consciencia, tampoco disponen de una explicación integral del funcionamiento del cerebro o del cuerpo humano y una larga lista más de ignorancias en ámbitos que veréis detallados en el penúltimo capítulo de este libro. Esto nos coloca a todos en el rol del aprendiz y del sabio. En el rol del «No Sé».

Inclusiva, porque, al aceptar nuestra ignorancia, podemos plantearnos indagar nuevas vías que ahora desconocemos, con el objetivo de alcanzar un mayor conocimiento de nuestro entorno físico y de la condición humana.

Abierta, porque, al no cerrarnos a nuevas formas de investigación y acción, es más posible que encontremos opciones que nos permitan aprender a vivir en la interdependencia y la colaboración necesarias para superar esta situación de aparente no salida en la que se encuentra incluso nuestra supervivencia como especie. A esa hermosa misión quiere contribuir este libro.

Notas biográficas de un aprendiz de ser humano

Desconozco el porqué, pero de niño yo intuía que poder tener una vida como ser humano era algo excepcional, aunque no recibiera señales del exterior que lo confirmaran, más bien lo contrario, ya que mis congéneres se sentían conformes creyendo explicaciones que presentaban la vida como un reto difícil y amargo.

Mientras tanto yo soñaba con llegar a ser una persona adulta que se dejaría traspasar por todo tipo de experiencias que me acercarían a algún tipo de plenitud. Sin pretender perfecciones, solo ser capaz de emocionarme con el resto de vida que pulsaba y que yo sentía como parte de un intercambio casi infinito.

Perdí mi sonrisa perpetua a los ocho o nueve años, tratando de adaptarme al diagnóstico aceptado por la mayoría, acerca del valle de lágrimas y la seriedad de la existencia.

Desde entonces me fui oscureciendo y aceptando la vida como dificultad y el esfuerzo como herramienta. Eso duró hasta el día que volví a conectar con mi sentir original, en el que no había lugar para la seriedad impostada, ni para el valle de lágrimas.

Hay instantes que parecen insignificantes, pero tienen la fuerza de impulsarnos a lugares remotos de nuestra mente o nuestra geografía. Mi trayectoria está llena de estos momentos palanca. A los veinticuatro años tuve uno muy intenso, que surgió como un chorro de preguntas.

¿Por qué tengo este temperamento, este carácter y esta personalidad? ¿Por qué profeso esta ideología política? ¿Por qué abrazo estas creencias y no otras?

Por aquel entonces trabajaba como auditor júnior en un banco de Barcelona, y tenía una prometedora carrera por delante. Otro en mi lugar hubiera atribuido estas cuestiones al ímpetu de la juventud y las habría acallado. Yo no pude. Al contrario, hice el equipaje, metiendo en él todas mis dudas y me fui a Madrid para estudiar Sociología, convencido de que en los libros encontraría las respuestas que buscaba.

Tengo que deciros que ese fue el primer paso de un largo camino que me ha llevado del intelecto al silencio, para procesar una comprensión que quiero compartir con vosotros en este libro.

Una vez en Madrid, además de estudiar y de seguir en el banco para financiar mi carrera, me afilié a un partido político, motivado no solo por aportar algo al mundo, sino también por el interés de averiguar cuál es el peso real de la política como motor de cambio social.

Al finalizar la licenciatura en las especialidades de Sociología y Psicología Social, inicié los cursos de doctorado en la Universidad Complutense, a la vez que me formé como psicoterapeuta, ya que quería ahondar en el complejo mundo de las emociones.

Durante algún tiempo simultaneé mi trabajo como psicoterapeuta con un proyecto social en prisiones, hasta que surgió en mí una necesidad acuciante de dar un giro a mi vida. Vendí todo lo que tenía, regalé mi biblioteca, e hice las maletas una vez más. Esta vez puse rumbo a Brasil.

En el nordeste de Brasil me permití vivir el mito de la felicidad del cocotero: sol, playa, palmeras, ningún tipo de obligación y fiesta diaria, con todo lo que la fiesta implica. Al año, ese mito de la felicidad cayó por su propio peso. Me di cuenta de que la felicidad es un estado que no depende ni de dónde vives, ni de lo que haces, ni de lo que tienes. La felicidad vive dentro de nosotros, pero por aquel entonces yo aún estaba convencido de que iba a encontrarla en alguna parte, así que una vez más hice las maletas.

Emprendí un viaje a pie que me llevó a conocer Paraguay, Uruguay, Argentina, Chile y Perú. Fue un año en el que descubrí la plenitud que da la simplicidad de ir con una pequeña mochila a cuestas, sin expectativas y a expensas de lo que la vida me ofrecía. La felicidad estaba más cerca, pero tampoco era aquello.

Una tarde, al entrar en una librería en la ciudad de Panamá, me encontré con un librito que hablaba del pueblo kuna. En aquel momento, no podría explicar por qué, me acordé de *El contrato social* de Rousseau, otro libro que había leído de joven. Esta fue la motivación que me llevó a la selva panameña para convivir con los indios kuna, conocer su cultura y hacer el trabajo de campo de mi tesis doctoral.

La hipótesis que me planteé en aquel momento, en la misma librería, y que se convirtió en el núcleo central de mi tesis, fue la de investigar el postulado de Rousseau del buen salvaje. La convivencia con los kunas me enseñó que el observador nunca es neutral, y que lo único que yo podía hacer era interpretar los hechos desde mi punto de vista y llegar a la conclusión de que la solidaridad de la selva tiene unos parámetros diferentes a la solidaridad en el mundo occidental, pero que ni ellos ni nosotros tenemos la clave de la «bondad».

Una vez finalizado el trabajo de campo y escrita mi tesis doctoral, regresé a Barcelona, me formé en *management* y di clases en una prestigiosa escuela de negocios, a la vez que ejercí como consultor para empresas públicas y privadas.

Llegado a este punto, surgió en mí una pulsión de búsqueda más profunda que me llevaría a la práctica del Zen. Un momento de inflexión en mi camino. Por primera vez empecé a andar de fuera a dentro.

He sido empresario, cofundé dos empresas en el sector del tratamiento de agua y más tarde, ya en solitario, una empresa para comercializar una patente propia de una innovadora y biomimética botella ovoide.

En algunas de estas aventuras personales y profesionales que os he narrado sentí plenitud, en otras tuve éxito y reconocimiento y en otras fracasé, pero todas ellas me han enseñado a triunfar y a rendirme, y me han dado el bagaje que ha hecho posible que haya llegado hasta aquí. Estos bandazos vitales me han enseñado a preguntar menos y a confiar más en lo que la vida me muestra en cada momento como el mejor camino para dar sentido a mi tránsito como aprendiz de ser humano.

1. La realidad física

Desconocida e intangible

La pregunta «¿qué es real?» parece tener una respuesta fácil, pero no es así. De inicio, recuperemos una información que, por muy divulgada que esté, no deja de ser fascinante y de chocar con todas las apariencias físicas que, a simple vista, nos permite ver el ojo humano. La física contemporánea ya ha demostrado, sin duda alguna, que la materia que podemos ver y tocar está en gran medida constituida por vacío. Es decir, que los átomos que forman la materia están vacíos en un 99,9999999%.

Vacío y nada no son lo mismo. La nada es un concepto que se refiere a la ausencia total del contenido que debiera existir en un continente. El vacío hace referencia a la ausencia de masa, pero está lleno de protones, electrones, neutrones, fotones, neutrinos y otros tipos de partículas y antipartículas subatómicas que aparecen y desaparecen autoliquidándose.

Los campos electromagnéticos que generan con el núcleo de los átomos y entre sí todas estas partículas y antipartículas son los que nos provocan la falsa sensación de solidez. Einstein, con su fórmula $e = mc^2$, construyó los cimientos de la física moderna. La explicación sencilla de esta fórmula es la siguiente:

$$E = \text{energía. } M = \text{masa. } C^2 =$$
la velocidad de la luz elevada al cuadrado

Esta fórmula nos permite afirmar, sin discusión posible, que la masa es energía densificada.

Entonces, ¿qué es realidad: masa, energía o ambas? Está claro que ambas, ya que son ambas las que construyen el mundo físico en el que vivimos. Esto nos sitúa ante la tesitura de tener que aceptar que realidad es también aquello que no podemos ver con los instrumentos científicos más avanzados, y que aún no podemos describir o medir con precisión.

De hecho, la ciencia más puntera está todavía trabajando en el laboratorio del CERN (Organización Europea para la Investigación Nuclear) para intentar averiguar, entre muchos otros misterios que se deben resolver, cómo las partículas elementales subatómicas se cargan de masa en el vacío y por qué unas partículas se cargan con más masa que otras.

Si ahora nos visitara un ser de otro planeta y viera la seguridad con la que calificamos la realidad de *verdadera* o *falsa*, le parecería que los humanos somos grandes conocedores de los secretos del universo y que tenemos la explicación científica sobre los misterios de la vida en el planeta Tierra. Sin embargo, eso no es cierto y, de hecho, no conocemos ni tan siquiera el origen de la materia.

Para ampliar nuestra mirada y fortalecer nuestra humildad, nos ayudará resumir qué es lo que las ciencias naturales desconocen. La lista de los actuales desconocimientos no solo es extensa, sino que además afecta a los más significativos. Veamos algunos:

- Desconocemos el origen de la materia (la materia representa el 4% del contenido del universo). Tal y como se plantean en la misión del CERN[1]: «el modelo estándar de física no explica los orígenes de la materia, ni por qué algunas partículas son muy pesadas mientras que otras no tienen masa en absoluto».

- Desconocemos el origen y la naturaleza de la materia oscura (representa el 23% del contenido del universo). Se llama *materia oscura* porque no emite radiación electromagnética. No se ve ni se puede registrar. Su existencia se deduce a partir de sus efectos en la gravedad de las estrellas y las galaxias.

---

1. CERN. (Centro Europeo para la Investigación Nuclear) es el laboratorio europeo para el estudio de las partículas elementales. Se fundó en 1954 y cuenta con 23 países miembros. Sus dos misiones fundamentales son averiguar de qué está compuesto el universo y cómo funciona. Está ubicado en Suiza, cerca de la frontera con Francia. Es considerado el laboratorio más grande del mundo. Trabajan en él cerca de 10.000 científicos de más de 100 nacionalidades diferentes. En el CERN recrean las condiciones que se dieron en el universo mil millonésimas de segundo después de que este comenzase a existir.

- Desconocemos el origen y la naturaleza de la energía oscura (representa el 73% del contenido del universo). La energía oscura es la responsable de la dinámica de continuo crecimiento del universo.

- Desconocemos el origen y la naturaleza de la antimateria. Tal y como se plantean en la misión del CERN, «la materia y la antimateria deben haberse producido en las mismas cantidades en el momento del *big bang*, pero, por lo que hemos observado hasta ahora, el universo está hecho solo de materia».

- Desconocemos el origen y la naturaleza de los agujeros negros. En ellos, las leyes de la física estándar dejan de tener sentido. Para explicarlos, debemos utilizar de forma simultánea la física cuántica y la teoría de la relatividad de Einstein.

- Desconocemos si existe un único universo o una infinidad de multiversos. Stephen Hawking y Thomas Hertog han sido algunos de los tantos físicos que han planteado la posibilidad de que el *big bang* no fuera único, sino que se dieron un gran número de explosiones de las que surgieron multitud de diferentes universos.

Desde las ciencias naturales, lo desconocemos casi todo sobre la supuesta realidad física cierta y unívoca. Para ser más precisos, conocemos un 4%, la materia, y de ella conocemos la naturaleza, pero no el origen. Lo que sí sabemos es que la realidad física es básicamente vacío, energía y campos electro-magnéticos; es decir, que como conclusión podemos afirmar que la realidad física es desconocida y sutil.

No entraré en detalle sobre las explicaciones de realidad desde la filosofía. Por ahora os evito el sinfín de argumentaciones de Platón, René Descartes, David Hume, Immanuel Kant, Jacques Lacan, Edmund Husserl, Martin Heidegger, etc., que nos llevarían a la conclusión de que estamos delante de un concepto abstracto no objetivable, por no decir interpretable y abierto a discusiones encarnizadas, todas ellas fundamentadas e interminables.

¿Y qué decir de la paradoja del concepto de realidad en los modelos de creencias religiosas occidentales? Durante la hora de ceremonia semanal que corresponda y mientras estamos en el templo, creemos en dogmas de fe religiosos que son capaces de superar la imaginación desbordante del más atrevido guionista de Hollywood. Sin embargo, desde que salimos y cruzamos la puerta del templo, creemos que la realidad es aquella que es visible y medible, y es en ella en la que debemos fundamentar nuestra vida diaria.

Como veremos con más detalle a lo largo de este libro, ni las ciencias físicas, ni las ciencias sociales o las tesis religiosas han conseguido acotar la realidad. Sin embargo, si nos quedamos en la idea implantada en la calle, la realidad es objetiva, no discutible y se refiere en exclusiva a aquello que se puede observar y medir.

El resto son creencias respetables, pero subjetivas y discutibles. Por otro lado, la mayoría de los textos educativos y los mensajes en los medios de comunicación coinciden con esa visión popular, y han contribuido a extenderla y consolidarla.

Además, siendo realidad y verdad dos conceptos subjetivos, la mayoría de los modelos educativos y medios de comunicación los presentan como sinónimos, y el resto es fantasía.

Es decir, que el círculo virtuoso con mayor implantación social es que existe una realidad objetiva conocida, la cual, a su vez, es verdad objetiva y, por tanto, debemos creer si queremos considerarnos personas adultas, serias y racionales que no creen en fantasías.

La pregunta que nos tenemos que hacer es: ¿por qué la creencia popular, la mayoría de los modelos educativos o los medios de comunicación que proclaman que existe una realidad objetiva y conocida están tan alejados de los postulados de las ciencias naturales y sociales contemporáneas? En mi criterio, hay un argumento principal que lo explica. El exitoso uso del método empírico por las ciencias naturales (física, química, biología, medicina, etc.), cuyas bases son la observación, cuantificación y replicación de los fenómenos ha permitido avances tecnológicos inimaginables en cualquier otro momento de la historia de la humanidad. La enorme repercusión y utilidad social de muchos de esos avances ha creado la asociación de que la realidad solo la constituye lo observable, cuantificable y replicable.

Nuestros sentidos nos engañan

Nuestra casa: el planeta Tierra; nuestro barrio: el sistema solar; nuestra ciudad: la vía láctea; nuestro país, el supercluster LS, que es el cúmulo donde están muchas galaxias y, entre ellas, la nuestra, y por último, nuestro continente: el universo.

Los humanos vivimos ahí dentro. Para hablar de nuestra realidad física, tenemos que hablar del lugar donde la experimentamos. Por otro lado, refrescar esta información nos ayuda también a recuperar el asombro hacia la realidad en la que vivimos. El asombro suele conducir a la humildad y suele alejarnos de la soberbia de pensar que conocemos y que podemos controlar la realidad física en la que vivimos.

Ser conscientes de su inmensidad y sofisticación es sin duda una motivación para que entendamos por qué debemos recolocar nuestro rol como especie que pertenece a ese orden superior y que lo más urgente que debemos hacer es aprender a vivir en armonía con él y abandonar las fantasías de que estamos conquistando el espacio. El tamaño del universo es de 95.000.000.000 de años luz y la mayor aventura espacial ha sido ir a la Luna que está a menos de 2 segundos luz. Nos queda mucho por conocer.

Presentar cifras sobre la magnitud o historia del universo es, por definición, presentar cifras y explicaciones provisionales, ya que, como sabemos, el universo sigue en expansión y, además, los científicos cada pocos años descubren nuevos planetas cercanos al sistema solar.

Aun así, es muy importante conocer algunas cifras, ya que nos ayudarán a ser conscientes de la inmensidad y la complejidad física a la que pertenecemos, y eso nos disuadirá de manera definitiva de la presunción de que los humanos podemos asegurar qué es verdadero y qué es falso porque ya conocemos la realidad física en la que vivimos.

En este sentido, os recomiendo que entréis en la web del telescopio Hubble de la NASA (https://hubblesite.org) y del telescopio James Webb (https://webb.nasa.gov).

Si miráis las imágenes suficiente tiempo como para impregnaros de su enorme belleza, os invadirá una enorme admiración y estaréis de acuerdo conmigo en que nos faltan siglos para conocer la realidad física de esa increíble maquinaria de precisión que es el universo. Algunos datos:

- Edad aproximada del universo conocido: 14.000 millones de años.

- Forma: plana con rugosidades.

- Tamaño aproximado del universo conocido: 95.000 millones de años/luz.

- Número aproximado de galaxias: 100.000 millones.

Cada una de estas galaxias puede contener 150.000-200.000 millones de estrellas.

Y ahora, hablemos de nuestra galaxia, la Vía Láctea:

- Edad aproximada: 13.000 millones de años.

- Tamaño aproximado: 52.000 años luz. En el centro tiene un agujero negro, con un diámetro estimado de 24 millones de kilómetros, es decir, 17 veces más grande que el diámetro del sol, y una masa estimada equivalente a la masa de 4 millones de soles.

- Número aproximado de planetas: según los datos del telescopio Kepler, existen unos 50.000 millones de planetas, de los cuales 500 millones podrían ser habitables.

- Número de sistemas solares descubiertos hasta hoy: 3.200.

- Forma: espiral.

Hablemos ahora del sistema solar. Como es más conocido para todos vosotros, me limitaré a explicar algo que quizá sí puede ser novedoso para algunos. Muchas personas tienen la imagen de que la Tierra, y el resto de planetas del sistema solar, gira alrededor de un sol inmóvil en el centro, pero no es así.

La realidad es mucho más sofisticada. Tanto el planeta Tierra como el resto de los planetas se mueven en vórtice alrededor del Sol; el cual, a su vez, orbita en vórtice alrededor del sol central de nuestra galaxia, la Vía Láctea; la cual, asimismo, gira en vórtice alrededor del fondo cósmico.

El planeta Tierra se mueve a 107.280 kilómetros/hora alrededor del Sol y tarda un año en dar una vuelta completa. El Sol se mueve a 828.000 kilómetros/hora alrededor del centro de la Vía Láctea, y tarda unos 225 millones de años en dar una vuelta completa. La Vía Láctea se mueve a 2.300.000 kilómetros/hora alrededor del fondo cósmico, y se calcula que tarda unos 1.000 millones de años en dar una vuelta completa.

No parece tener ninguna lógica que nosotros, viviendo sobre una roca que se mueve sin parar a esas velocidades, podamos llenar la taza con nuestro té favorito hasta el borde y, si todo va normal, nada se derrame y manche el mantel. Cada minuto de nuestra vida nos estamos moviendo a una velocidad 314 veces mayor que la velocidad de un coche de Fórmula 1.

Mi lógica y mi sentido común saltan por los aires con estas cifras, que sé que son las cifras aceptadas por la comunidad científica. Sin embargo, no logro entender cómo son posibles, mientras yo percibo todo mi entorno físico en aparente reposo.

Desde que conocí estas magnitudes y la agitación cósmica en la que vivimos cada segundo de nuestras vidas, dejé de creer que lo que veían mis ojos y tocaban mis manos era en lo que debía creer.

Entendí que nuestra percepción es muy limitada e incluso intuí que la mente humana no está diseñada para entender la sutilidad y complejidad de la realidad que tenemos cada segundo delante de los ojos.

Podría citar un sinfín más de ejemplos que ratifican que es un error mayúsculo dar como cierto lo que nos muestran los sentidos, pero me limitaré a explicar dos más. Ya sabemos que la materia (es decir, por ejemplo: la mesa que tienes delante o la silla en la que estás sentado) es un 99,9999999% vacío, pero tu tacto y tu vista te dicen que, sin duda alguna, son sólidas.

Los árboles no son verdes, el cielo no es azul y el sol no es amarillo. Los colores no existen en la realidad, son una creación del cerebro humano, en concreto de los fotorreceptores de la retina de los ojos. Lo único que es real es la luz y carece de color, aunque los técnicos la denominen *luz blanca*.

Lo que nosotros percibimos como colores son ondas electromagnéticas reflejadas que no han sido absorbidas. Según la longitud de la onda, los ojos identifican dicha onda como un color u otro. Este proceso está sometido a la limitación que los ojos de un ser humano son capaces de recibir, la cual abarca desde los 380 hasta los 760 nanómetros. Dicho de otro modo, vemos algo que no existe.

Es evidente que para percibir de forma cierta la realidad física en la que vivimos necesitamos más sentidos que los cinco básicos.

Somos seres líquidos

¿Por qué el agua es tan importante para los humanos?

- En ella se producen todas las reacciones químicas del cuerpo: de la calidad de nuestra agua interior dependerá la eficiencia de todas las reacciones químicas que se produzcan en el interior del organismo.

- En ella se producen todos los procesos de renovación celular: del estado de nuestra agua interior dependerá la calidad de las nuevas células que se renuevan de forma continua. Una nueva célula no surge hasta que dispone del agua necesaria. Si esa agua no está disponible, la célula no se renovará o, dicho de otra forma, morirá.

- Funciones del agua en el cuerpo humano: además de las dos que hemos citado, entre otras funciones, el agua posibilita el transporte de nutrientes y oxígeno. Permite la digestión y la eliminación de deshechos, facilita el funcionamiento de los riñones y regula nuestra temperatura. Albert Szent-Györgyi, Premio Nobel de Fisiología y Medicina, considera «el agua como la matriz de la vida». Clasifica el agua como un tipo de biomolécula: «Sin ella, las biomoléculas restantes, azúcares, grasas, proteínas, ácidos nucleicos, etc., no solo estarían varadas e inmóviles como ballenas en una playa, sino que dejarían de ser biomoléculas, se disolverían o agarrotarían, perdiendo su función biológica».

- Proporción de agua en las diferentes partes del cuerpo humano: el 70% del cuerpo es agua. Un 60% de dicha agua está alojada en el interior de las células (agua intracelular) y un 40% se encuentra fuera de las células (plasma, linfa, líquido cefalorraquídeo y secreciones). Destacaré algunos datos: el 85% de nuestra sangre, ojos, cerebro y pulmones es agua; el 70% de nuestra piel, corazón, músculos, hígado y riñones es, asimismo, agua.

Vistos todos estos porcentajes podemos concluir, sin lugar a duda alguna, que somos seres líquidos.

¿Qué conoce la ciencia sobre el agua?

Además de las ya comentadas proporción y funciones del agua en el cuerpo humano, la ciencia sabe acerca de:

- Física del agua:
  sus cualidades organolépticas. El agua pura es incolora, inodora e insípida.

- Química del agua: formulación: H_2O:
  una molécula de agua está formada por dos átomos de hidrógeno y uno de oxígeno o, dicho de forma más completa, el agua es el resultado de la asociación de moléculas compuestas por dos átomos de hidrógeno y uno de oxígeno, que ponen en común sus electrones.

- Cantidad de agua disponible en el planeta Tierra:
  unos 1.400 millones de kilómetros cúbicos de agua,
  de la que 42 millones de kilómetros cúbicos son de agua
  dulce.

- Ciclo del agua en la naturaleza: circulación y renovación:
  - Etapas del ciclo del agua: evaporación, condensa-
    ción, precipitación e infiltración. Se estima que el ci-
    clo completo dura 3.100 años.

- Movimiento molecular del agua:
  - Una gota: 4.000.000.000.000.000.000 moléculas de
    agua (H_2O).
  - Los enlaces de hidrógeno y oxígeno del agua cam-
    bian cada 100 millonésimas partes de segundo.
  - Movimiento browniano: el movimiento molecular
    continuo de todos los fluidos, incluida el agua, es de
    2.160 kilómetros/hora.

- Movimiento en vórtice del agua en manantiales, lluvia,
  ríos y mares:
  sabemos que en la naturaleza el agua siempre está en
  movimiento. Sabemos que ese movimiento es de giro,
  de vórtice. Sabemos que ese movimiento es básico para
  mantener su vitalidad y la uniformidad de la disolución
  de minerales, electrolitos, etcétera.

- Soluciones de ingeniería para la eliminación de conta-
  minantes en el agua:

ingenieros y biólogos han desarrollado una amplia variedad de tecnologías que permiten retirar o añadir los diferentes tipos de componentes del agua, para que esta sea potable o apta para aplicaciones industriales específicas. Estos muy útiles conocimientos, junto con conocer la composición química, son los que nos han llevado a pensar erróneamente que conocemos la naturaleza, comportamiento y funcionalidades del agua.

¿Qué desconoce la ciencia sobre el agua?

El agua es el elemento, a la vez, más abundante, complejo y desconcertante que existe por encima y por debajo de la superficie de nuestro planeta. Al igual que vimos en la sección anterior sobre el universo, podemos afirmar también que desconocemos los aspectos más relevantes del agua.

Para los actuales y más refinados instrumentos científicos, como son, por ejemplo, la resonancia magnética nuclear, el agua es un misterio que no se puede descifrar. Cuando hablamos de lo que sabemos sobre la calidad de un agua, solo nos podemos referir a los sólidos disueltos que contiene esa agua y cómo hacer que esa agua sea potable o útil para aplicaciones industriales. Continuamos con un resumen sobre lo que desconocemos del agua:

• Proceso de regeneración del agua celular:
  sabemos que el proceso de regeneración del agua que se da en el interior de las células se produce de forma continua en nuestro organismo, pero desconocemos

cómo y qué factores pueden facilitar que ese proceso sea o no óptimo. Asimismo, podemos afirmar que desconocemos la importancia de la calidad del agua en el proceso de renovación de nuestras células.

• ¿Cuáles son las estructuras moleculares del agua dentro y fuera de las células?

No sabemos cuáles son las funciones y la estructura del agua en la célula. Según Philip Ball, este es «uno de los temas no resueltos más importantes de la biología». Este tema en particular ha provocado, y sigue provocando, mucha controversia en la comunidad científica.

La mayoría de los científicos actuales niegan la existencia de una estructura molecular hexagonal, o de cualquier otro tipo, en el agua. Tampoco se ha podido demostrar lo contrario porque en ese nivel, a los instrumentos de medida, el agua se les escapa, solo la perciben como ruido.

• ¿Cómo medir la vitalidad de un agua?

Este desconocimiento es de gran importancia, ya que la vitalidad del agua va a tener un gran protagonismo, por ejemplo, en la calidad de los procesos de renovación celular que sin cesar se están dando en el organismo. El doctor Alexis Carrel, Premio Nobel de Medicina, defiende que «la célula es inmortal y que es el fluido en el que flota la célula, agua, lo que degenera».

Sin embargo, la medición de la vitalidad sí se puede realizar con los alimentos. Los productores de alimentos con certificación Demeter© pueden conocer el grado de vitalidad de un alimento a través de un test de cristalización que utiliza sales de cobre.

• ¿Cómo medir la influencia de la pérdida del movimiento de vórtice en la reducción de la calidad del agua?

El vórtice es el tipo de movimiento que podemos observar tanto en los átomos como en las galaxias. De la misma forma es el movimiento del agua en la lluvia, en los manantiales, en los ríos o en los océanos.

Desde hace ya unos siglos, los humanos dirigimos el agua por tuberías rectas, llenas de codos, que rompen ese movimiento natural que no es anecdótico ni estético, pues persigue una función básica que el agua potable ha perdido.

Aunque desconocemos cuáles son sus consecuencias, sabemos que existen, porque estamos dificultando que el movimiento que se desarrolla y ayuda a mantener el orden interno de todo el universo esté presente en el elemento que sostiene la vida. Para Erwin Schrödinger, Premio Nobel de Física, «es el orden interno de la comida y bebida lo único que determina su valor biológico vital».

• Capacidad del agua para ser el medio de almacenamiento y transporte de información y/o frecuencias al organismo:

esta tan discutida capacidad es la que se ha denominado *memoria del agua*, que es la base, por ejemplo, de prácticas tan extendidas como la homeopatía. La capacidad o no del agua para almacenar o transportar información y/o frecuencias, ambas incluidas, está por demostrarse por el método empírico, de la misma forma que está por demostrar lo contrario.

• La física y la química han encontrado más de quince anomalías del agua.

   Es decir, características del agua que pueden ser medidas, pero que no tienen una explicación posible desde los marcos teóricos de la física y la química conocida. Algunos ejemplos son:

   − No hay explicación científica que justifique por qué, cuando el agua se congela, disminuye su peso específico en vez de aumentarlo, como el resto de los líquidos.

   − No hay explicación científica sobre cómo es posible que, a temperatura ambiente, el agua pueda estar presente en los tres estados: sólido, líquido y gaseoso.

   − No hay explicación científica posible sobre cómo dos gases pueden dar como resultado un líquido, que es, además, un disolvente universal.

En conclusión, desde la ciencia clásica, el agua es una anomalía en sí misma y su estudio en profundidad ha originado debates en ámbitos de relación directa con la industria farmacéutica o alimentaria.

De hecho, los investigadores de prestigio que han dedicado su carrera al estudio del agua han acabado desprestigiados, cuando no expulsados de la comunidad científica, como fue el caso de Jacques Benveniste o como está siendo el caso del ya fallecido Premio Nobel Luc Montagnier. De igual modo, podría acabar pasando con el prestigioso profesor de la Universidad de Washington Gerald H. Pollack.

En 1804, el químico francés Joseph Louis Gay-Lussac y el naturalista y geógrafo alemán Alexander von Humboldt publicaron un documento científico que demostraba que el agua estaba formada por dos volúmenes de hidrógeno por cada volumen de oxígeno (H_2O).

Está claro que, si después de más de doscientos años, el agua sigue siendo un misterio por explicar, debemos desarrollar e incorporar nuevos marcos teóricos y métodos experimentales que vayan más allá de los propios de la química orgánica e inorgánica. Al igual que apareció la física cuántica, ahora necesitamos que surja una química cuántica que nos permita estudiar y entender la interacción sutil entre agua y energía.

Los humanos tenemos la costumbre de querer sentar cátedra sobre temas y ámbitos complejos que, en realidad, desconocemos. En lugar de sentar tanta catedra, nos ayudará mucho el que aprendamos, por ejemplo, a decir «desconocemos tanto del agua que no podemos negar que sean ciertas muchas de sus propiedades ya argumentadas, pero aún no demostradas».

De hecho, nos basta con apartarnos a un lado y regresar con sentido común. Si el nivel de sofisticación del agua es tal que puede permitir que en ella aparezca y se sostenga la vida, ¿cómo no va a ser capaz de almacenar información, como hace el silicio procesado?, ¿o de transportar frecuencias, cuando la vida, tal y como las ciencias físicas ya han demostrado, es en esencia vibración y vacío?

La naturaleza del agua y sus funciones en nuestro organismo son un misterio por resolver para la ciencia, al igual que el descubrir un modelo integral que explique el funcionamiento del cuerpo humano.

La medicina occidental tiene muchos siglos de historia, pero tal y como la conocemos hoy, se consolidó en el siglo XIX y a nivel académico se reglamentó en la primera mitad del siglo XX. En la mayoría de las ocasiones diagnostica situando el foco en los síntomas particulares de un órgano. Vamos a visitar a especialistas del hígado, los riñones, el corazón, etc.

La medicina tradicional china o la hindú tratan el cuerpo como un todo que debe disponer de un balance físico y energético. A diferencia de estas dos, la medicina alopática no solo niega, sino que califica de falsa ciencia cualquier abordaje de salud que tenga como eje el componente energético, ya que, por el momento, no es posible detectarlo y medirlo con el método empírico.

A pesar de que la ciencia ya ha demostrado que la materia que constituye la realidad física es un 99,9999999% vacío, energía y campos electromagnéticos, en la medicina occidental no tenemos, ni tan siquiera respuestas sobre cómo nos afectan los campos electromagnéticos que nos rodean.

De hecho, lo muy útil, pero limitado que la medicina alopática puede aportar por ahora son terapéuticas mecánicas, de radiación, cirugía o fármacos químicos. La terapia genética también está en sus inicios y rodeada de interrogantes.

En la actualidad conocemos los procesos macro del cuerpo humano y desconocemos la mayoría de la realidad sutil que es el origen de lo visible en microscopios y medible en laboratorios. Estamos en los inicios y, por tanto, corresponde ser muy humildes al aseverar qué es verdad y qué no.

Los tres pilares de la geometría de la vida

El vórtice, la forma ovoide y la proporción Phi son los tres pilares. El vórtice es el movimiento más efectivo para contener y mantener la energía. La forma ovoide es el envase donde la memoria de la vida se conserva de forma óptima. La proporción Phi es un patrón de orden y crecimiento.

«Creemos que la adopción generalizada de soluciones inspiradas en la naturaleza catalizará una nueva era en diseño y negocios que beneficiará tanto a las personas como al planeta. Hagamos que el acto de pedir consejo a la naturaleza sea una parte normal de la invención cotidiana» (www.biomimicry.org).

«Podrías ver la naturaleza como un catálogo de productos. Todos ellos se han beneficiado de un período de 3.800 millones de años de investigación y desarrollo. Dado ese nivel de inversión, tiene sentido usarlo». (Michael Pawlyn)

El vórtice

La NASA confirmó en 2011, mediante la sonda Gravity, que nuestro planeta está ubicado sobre un vórtice de espacio-tiempo y, con ello, refrendó la teoría formulada por Albert Einstein en 1916. Desde los átomos a las galaxias, la naturaleza utiliza el movimiento en vórtice en su búsqueda de una mayor eficiencia energética. Se mueve en vórtice el ADN, la sangre que bombea el corazón, el agua de los océanos y ríos, los huracanes, los tornados, nuestra galaxia, la Vía Láctea...

La proporción Phi

La proporción Phi es un patrón de orden que utiliza la naturaleza. Podemos observar este patrón en el crecimiento de las ramas de los árboles, las semillas de los girasoles, las hojas de las plantas, etc. Gracias a este patrón, las hojas reciben igual exposición solar y cantidad de agua de la lluvia, ya que no se obstruyen unas con otras.

Aunque la ciencia aún no ha descubierto cuál es la eficiencia concreta de esta proporción en el organismo humano, la proporción Phi aparece en la configuración de los huesos de los dedos, la proporción entre los huesos de los brazos, antebrazos y manos, el oído interno y externo, etc.

Matemáticos como Pitágoras, Euclides, Luca Pacioli o Leonardo de Pisa (Fibonacci); artistas como Botticelli, Miguel Ángel, Leonardo da Vinci, Durero, Cezanne, Mondrian o Dalí; arquitectos como Gaudí, Le Corbusier, etc., han utilizado y divulgado la singularidad de la proporción Phi como expresión de belleza, armonía y eficiencia.

La forma ovoide

La biomimética es la ciencia que se inspira en modelos y procesos biológicos. La naturaleza tiene mucho que enseñarnos. Al observar la naturaleza, nos podemos dar cuenta de que el ovoide es la forma que tienen muchos frutos y semillas, también el corazón, el cerebro, etc.

Es el contenedor preferido de especies con piel, especies con plumas, especies con escamas, especies gigantes y especies minúsculas. También las semillas humanas se guardan en ovoides: óvulos y espermatozoides.

La forma ovoide permite que, en su interior, el vórtice se genere de manera espontánea. La vida necesita el movimiento en vórtice para sostener la energía que alimenta la estructura de la existencia física y sutil.

Resumen

Hasta el siglo XVII, los seres humanos hemos vivido inmersos en una visión mágico-religiosa de la vida y del universo que nos rodeaba. Las diferentes religiones oficiales nos daban las explicaciones y creaban nuestra cosmovisión.

Desde el XVII hasta los inicios del siglo XX, el péndulo se fue hacia el otro lado y vivimos inmersos en una visión empírica propuesta por la física clásica newtoniana y solo creímos en lo que veíamos, tocábamos y medíamos.

Ninguna de esas dos visiones extremas nos permitió descubrir nuestra verdadera naturaleza y la del mundo que nos rodea. Para nuestra suerte, los descubrimientos científicos del último siglo nos han abierto la mirada, hemos entendido la complejidad de la realidad física que nos rodea y ya somos conscientes de nuestra inmensa ignorancia.

A partir de Einstein, Planck, Bohr, Hawking, Heisenberg y muchos otros científicos, hemos conocido la naturaleza sutil de la aparente realidad física material. Hemos constatado que lo que vemos, tocamos y medimos es la consecuencia y no la causa. Que los fundamentos de todo lo que aparece ante nosotros es energía, campos electromagnéticos y vacío.

Hemos descubierto que los sentidos nos engañan y que, en el universo, fuera de la excepción restringida de nuestro planeta, ni tan siquiera existe el tiempo lineal que medimos con tanto esmero con los relojes y en el que encuadramos nuestras atareadas vidas.

Hemos descubierto una complejidad que se le escapa a nuestra mente racional y que ya no tiene sentido que sigamos sin incorporar. Integrarla nos hará más sabios y, por tanto, más humildes y a la vez nos empoderará, porque ya no será posible que nos expliquen y nos creamos que nosotros y la realidad física que nos rodea es simple y conocida y está bajo control.

Nada está bajo control y desconocemos el origen y naturaleza del 96% de la realidad física en la que vivimos. Bienvenidos de nuevo al asombro y al misterio. Bienvenidos al «No Saber», bienvenidos a la VIDA.

2. La realidad social

Arbitraria y manipulable

Mi objetivo es que, cuando acabéis de leer este capítulo, hayáis descubierto o confirmado que no existe una realidad social objetiva, ecuánime e independiente del observador que la está viviendo o juzgando, de la misma forma que tampoco existe ningún observador que pueda tener una opinión objetiva independiente de sus prejuicios o valores previos a la observación de cualquier realidad social.

Dicho en otras palabras, la realidad social en la que vivimos y a la que juzgamos es una creación humana y está cargada de percepciones personales aprendidas en la socialización. Así, nuestras supuestas opiniones personales no son tan personales y son más emocionales que racionales.

Estas afirmaciones pueden parecer descorazonadoras, pero os invito a que las estudiéis en profundidad y entendáis lo liberadoras que son y el paso que abren a la tolerancia y a entender la verdadera naturaleza de las diferencias de criterios o visiones.

Descubrir que nuestra percepción y opinión no son nuestras y no pueden, por definición, ser objetivas, es descubrir uno de los caminos más directos que pueden conducir a la sabiduría.

Cuando me hice la pregunta sobre cómo y por qué yo tenía una determinada ideología política y no otra, me di cuenta de que, para comenzar, mi ideología política no se había formado de forma racional en la edad adulta. Por el contrario, era la consecuencia de una enorme cantidad de factores externos a mi persona que habían influenciado mi pensamiento desde mi infancia. De la misma manera que con nuestra ideología política, sucede con nuestra percepción de la realidad.

En la actualidad, la mayoría de los habitantes de este planeta estamos sometidos a una continua e ingente información acerca de la realidad que nos rodea. La llegada de internet y de los teléfonos móviles han acentuado una tendencia que ya estaba presente desde los años ochenta del pasado siglo. El número de canales de información, tanto escritos como audiovisuales, se ha multiplicado de forma exponencial, y todos pueden llegar gratis a los terminales. Por si fuera poco, los buscadores y las redes sociales también nos facilitan el acceso a información sobre la realidad que nos rodea.

Todos los medios de información se definen como profesionales y objetivos, pero no hay que ser Sherlock Holmes para darse cuenta de que la versión de la realidad social que nos presentan es muy diferente en unos medios de comunicación y en otros. Esas diferencias son centrales, no matices.

Por ejemplo, los políticos que para unos son demasiado moderados, para otros son extremistas; o los sucesos que para unos representan una falta a la verdad y a los hechos, para otros son coherentes y no merecen mayor atención.

La dificultad para quien quiere estar bien informado es disponer de los filtros que le permitan averiguar quién le dice la verdad y quién no. Aunque, en realidad, ese problema de la verdad no es tal problema, porque, como veremos a lo largo de este libro, la gran mayoría de nosotros somos más buscadores de la información que coincida con nuestra opinión previa que buscadores de la verdad. Entonces, resulta que no solo tenemos dificultad para conocer cómo es la realidad social cuya objetividad se nos escapa, sino que, además, carecemos de interés real en esa supuesta verdad objetiva. A continuación, intentaré explicaros cómo funciona todo este proceso.

Darwin se equivocó: dominan los que menos se adaptan al medio ambiente

Los primeros homínidos se desarrollaron en África hace 6 o 7 millones de años. Los cálculos más ajustados dicen que el *Homo sapiens-sapiens*, del que descendemos todos los humanos actuales, tiene una antigüedad de 100.000 o 120.000 años.

Los dinosaurios, que fue la anterior especie que dominó la Tierra, aparecieron hace 225 millones de años y se extinguieron por causas ajenas a ellos hace 65 millones de años. Por tanto, podemos concluir que la especie humana somos un colono muy reciente, que estamos en peligro de extinción por causas originadas por nosotros mismos, con menos del 1% de presencia en el planeta que los dinosaurios.

No parece que estemos aplicando mucha sabiduría a nuestra interacción entre nosotros y con el planeta, y tampoco parece que los humanos que ocupan los puestos alfa de la pirámide sean el resultado de una evolución en la que la capacidad de adaptación al medio tenga un valor central.

Las dos teorías más reconocidas sobre la evolución son la teoría darwinista y la teoría de Gaia. Es importante resaltar que estas dos teorías no limitan su influencia al campo de la biología. Muy al contrario, han originado teorías sobre la organización social y la condición humana. Por ello, las incluyo en este libro.

La teoría darwinista fue obra de Charles Darwin y fue publicada en 1859 con el título *El origen de las especies*, siendo la que cuenta con mayor difusión y aceptación por parte de la ciencia ortodoxa.

En sus inicios, Darwin no se interesó en particular en la aparición de la vida en el planeta, ni en su evolución como consecuencia de la intervención del hombre. Sus primeros estudios de campo se ocuparon sobre todo de la evolución de la vida por sí misma, sin la intervención del hombre.

En 1871 publicó un segundo libro, *El origen del hombre y la selección en relación al sexo*. En este libro se ocupa de nuestra especie y presenta sus teorías sobre la línea evolutiva del hombre a partir de los primates, la separación de razas superiores y razas inferiores y la clasificación de razas civilizadas y razas salvajes. Las mujeres son clasificadas junto a las razas salvajes como individuos con menor capacidad intelectual, debido a su menor tamaño de cráneo y menor peso de su cerebro.

Con el paso de los años, la teoría darwinista sigue siendo reconocida como un paso fundamental en la ciencia, pero también como una teoría incompleta, con contradicciones y argumentaciones no sostenibles con los conocimientos actuales de genética y biología.

Ciento cincuenta años después de su formulación, la teoría darwinista continúa sin tener pruebas fehacientes de su rigor científico. La genética contemporánea no ha podido demostrar la evolución gradual que proponía Darwin. Asimismo, hoy en día muchos científicos dudan de que la evolución a través del mecanismo de selección natural acierte en su elección del mejor camino posible hacia la óptima adaptación de una especie al medio en el que vive.

Según mi criterio, la especie humana es el ejemplo más contundente de que la evolución no utiliza la selección natural para permitir que solo pervivan los individuos más capacitados y mejor adaptados a su medio, ya que los humanos actuales no paramos de destruir el entorno en el que vivimos y de reducir las opciones de evitar nuestra propia aniquilación.

La segunda teoría sobre la evolución es conocida como la teoría de Gaia y fue formulada por el químico James Lovelock, quien en 1969 propuso que, una vez que se dieron unas condiciones para que la vida se desarrollara en este planeta, la vida por sí misma se encargó de regular las condiciones para conseguir un estado de equilibrio en el cual la vida fuera posible y evolucionar. Su otra gran defensora fue la bióloga Lynn Margulis, que atribuyó a los microorganismos un papel principal en el mantenimiento de las condiciones óptimas para la vida. Situó el foco en el desarrollo de las asociaciones simbióticas; es decir, en la asociación de varios organismos con la finalidad de obtener un beneficio común y optimizar sus posibilidades de éxito vital. Un ejemplo de este tipo de asociación es el de la vaca con los microorganismos presentes en su estómago, sin los cuales no sería posible la digestión de los alimentos.

Para Margulis, la evolución era la consecuencia de la aparición continua de nuevas asociaciones simbióticas y no el producto de mutaciones al azar.

El mensaje central de fondo que plantea la teoría de Gaia es que la evolución se basa en la colaboración y que los organismos con mayor capacidad de colaboración entre ellos y con su entorno son los que, a su vez, tienen más probabilidades de supervivencia. La teoría de Gaia implica dotar al planeta de consciencia, ya que posee la finalidad de mantener un equilibrio óptimo para los seres que la habitan.

La idea de la Tierra como un ser vivo había sido formulada a finales del siglo XVIII por James Hutton, a quien se conoce como el padre de la geología. En su teoría de la Tierra, publicada en 1789, Hutton afirmaba que la biosfera reciclaba la materia orgánica.

La consideración de la Tierra como un organismo vivo, capaz de autorregularse, ha recibido muchas críticas, ya que nuestro planeta no se puede calificar de organismo vivo al no cumplir las siguientes tres condiciones necesarias que estableció el Premio Nobel de Fisiología Jacques L. Monod: teleonomía (ser vivo con un proyecto asignado), morfogénesis autónoma (las variaciones en un ser vivo son producidas en mayor medida por fuerzas internas) e invariancia reproductiva (capacidad de reproducirse).

Ninguna de las dos teorías supera el método científico ortodoxo. Si nos preguntamos qué factores justifican la rápida aceptación y difusión de la teoría darwiniana, a pesar de que sus postulados no eran ni son verificables en la actualidad por el método científico, veremos que esos factores de justificación son sociológicos, no biológicos.

Para entenderlo, nos debemos ubicar en la Inglaterra de la reina Victoria, tiempo en el que Darwin presentó su teoría de la evolución. La argumentación de que la evolución seguía el patrón de la «ley del más fuerte» y de que esa era la solución «natural» permitió un marco de justificación «científica» a la política colonialista de la Inglaterra del siglo XIX. Otorgó un marco de validez moral al sometimiento económico y social de las colonias habitadas por razas «salvajes», frente a la raza civilizada de los colonizadores.

Derivada de la teoría evolutiva de Darwin, apareció una corriente de pensamiento denominada *darwinismo social*, la cual propugnaba la competencia como herramienta base de la evolución que permitía conocer y premiar a los mejor adaptados y que, además, argumentaba que esa capacidad se transmitía a sus descendientes.

Los pobres y débiles eran considerados individuos peor adaptados y, por tanto, menos evolucionados. El darwinismo social tuvo auge hasta después de la Segunda Guerra Mundial y otorgó el marco de validez científica a prácticas como el nazismo y el fascismo. Herbert Spencer y Francis Galton son dos de los teóricos más reconocidos de esta corriente.

En conclusión, la ciencia está de acuerdo en que en la naturaleza existe un proceso evolutivo de sus especies, pero hasta la fecha no tenemos datos de experimentos que hayan superado los requisitos del método científico ortodoxo y que nos permitan conocer con certeza qué tipo de evolución se da en la naturaleza, cuáles son sus procedimientos y si existe o no una finalidad en ella.

Lo que está claro es que lo poco que en realidad sabemos de la evolución de las especies se ha aplicado, desde Darwin, como si fueran certezas demostradas por la ciencia para justificar determinados patrones morales, ideologías políticas y modelos de organización social.

Respecto al origen de la vida, compartimos el mismo desconocimiento que con la realidad física que analizamos en el capítulo anterior. La ciencia desconoce su origen. Seguimos sin conocer cómo se dio el paso de la célula procariota a la eucariota, así como la evolución concreta que permitió la aparición de los cinco reinos de seres vivos (animal, vegetal, fungí, protoctista y monera) o un largo etcétera.

Claves del éxito evolutivo: competir dificulta tu victoria

Los últimos humanos anteriores al *Homo* actual son los neandertales y los *sapiens*. Los neandertales vivieron en Eurasia, se estima que aparecieron hace unos 350.000 o 400.000 años y que desaparecieron hace unos 40.000 años. Los neandertales eran más corpulentos y fuertes que los *sapiens*, así como más resistentes a las bajas temperaturas. No existe un acuerdo unánime sobre los motivos de su desaparición.

La revista *Molecular Psychiatry* (*Nature*) publicó en abril de 2021 un estudio liderado por la Universidad de Granada en el que se señala que la creatividad fue la clave del éxito de los *Homo sapiens*. En el estudio, los expertos argumentan que existen 267 genes que diferencian al *sapiens* del neandertal, y que esos genes responsables de la creatividad fueron los que lo protegieron. Pensemos en la influencia directa que tuvo esa capacidad creativa en el desarrollo de nuevas herramientas y métodos de caza.

Se puede observar un diferente desarrollo de la estructura craneal y del cerebro de los *sapiens* en comparación con los neandertales, que les permite un mayor desarrollo de las habilidades de lenguaje y una comunicación más compleja, lo que ocasiona la aparición del arte y de un mundo simbólico que actuó como generador de vínculos sociales de cooperación y como plataforma de traspaso de información de una generación a otra.

Es a partir del mundo simbólico que se pueden estructurar sociedades capaces de inventar relatos que expliquen su origen con criaturas mitológicas e inventar motivos que justifiquen por qué tienen protección y derecho a expandirse. Son todas esas historias inventadas y sin base en hechos las que definirán *realidades* sociales y crearán culturas.

Las posteriores acciones de expansión darán lugar a un relato de hechos ya históricos, que asimismo servirán para retroalimentar las historias inventadas con anterioridad y que los justificaron.

Ahondemos en esta última afirmación. El desarrollo del mundo simbólico conlleva un incremento del lenguaje, ya que se nombran por primera vez y se da significado a nuevos conceptos. Dichos conceptos explican de forma precisa la realidad social y aumentan la interconexión de quienes los nombran, con el contexto físico o transcendente que los rodea. Esta interconexión se integrará en el cuerpo de creencias de la comunidad que es copartícipe de ese mundo simbólico.

Las consecuencias a nivel individual serán: un mayor sentido de pertenencia y transcendencia, así como un relato detallado de la historia personal de cada uno de sus miembros, el cual les permitirá averiguar más acerca de quiénes son como individuos y en relación con su comunidad, reforzando su vínculo.

Un patrón relacional eficiente se basa en la existencia de vínculos poderosos. Así lo afirman expertos en *coaching*, como Joan Quintana Forns, o expertos en liderazgo, como Daniel Goleman, Howard Gardner o Erica Ariel Fox. Un patrón relacional coherente permitirá que un grupo humano actúe de forma más eficiente ante situaciones de riesgo o que precisen colaboración, como pueden ser el desarrollo de nuevas soluciones técnicas para la supervivencia o la distribución de roles.

En mi opinión, el doctor Yuval Noah Harari ha sabido explicar, con acierto y de una forma entendible, la diferencia básica entre los humanos y el resto de los primates o miembros del reino animal. Los animales viven en una realidad objetiva de árboles, ríos, montañas, lluvia, sequía, etc. Los humanos habitamos en un mundo de ficción en el que las creencias compartidas son las que regulan e influyen sobre la realidad objetiva. Dinero o fronteras de las naciones son dos ejemplos suficientes para explicar este postulado.

Los humanos hemos creado el dinero. Esta ficción regula nuestra vida cotidiana y, de hecho, son las decisiones basadas en el crecimiento económico las que van a determinar el futuro de la realidad objetiva, es decir, de las otras especies animales, los bosques o los ríos.

Algo similar podemos decir de las fronteras nacionales. Las naciones, sus fronteras físicas e incluso sus nombres son también una ficción compartida y consensuada, pero movible en el tiempo. La mayoría de ellas apenas tienen unas fronteras fijas de más de trescientos años de antigüedad. Pese a ello, muchas personas que han nacido o habitan dentro de ellas se sienten identificadas con esa ficción, e incluso están dispuestas a morir por defenderlas y, si es necesario, luchar contra otros seres humanos, ser héroes y recibir una medalla por ese comportamiento.

Quizá a ninguno de ellos le han explicado las suficientes veces y de forma atractiva que no decidimos dónde nacemos, y que el lugar en el que nacemos ha recibido varios nombres, ha acogido a poblaciones de diferente origen y ha tenido y tendrá diferentes fronteras físicas.

Focalicemos ahora nuestra mirada en el cuerpo humano. Es un cúmulo de toda nuestra historia evolutiva. Así, por ejemplo, toda la vida orgánica de nuestro planeta proviene de la evolución de las células procariotas y su conversión a células eucariotas, las cuales ya incorporan ADN en su núcleo. Esas células, como demostró la bióloga Lynn Margulis, son el resultado de una unión simbiótica de células procariotas.

Es decir, el resultado de unas células procariotas que, en lugar de competir, decidieron asociarse y dar un paso adelante, lo cual les permitió compartir toda una serie de beneficios vitales. Gracias a esa simbiosis, posibilitaron el desarrollo complejo de la vida.

En la piel tenemos 100.000 bacterias por centímetro cuadrado que se alimentan de los millones de escamas que desprendemos cada día. En el interior del aparato digestivo poseemos unos 400 diferentes tipos de microorganismos que nos ayudan a realizar la digestión.

Según el prestigioso inmunólogo Edgardo Moreno Robles, el 99,999999999999% de los microorganismos son beneficiosos o no dañinos para la salud humana. En el cuerpo conviven 48 billones de bacterias, 60 billones de virus y varios miles de millones de hongos, todos ellos conviviendo en simbiosis con el resto de los 20 billones de células humanas.

Para el psiquiatra y profesor de la Universidad de California Daniel J. Siegel, el cerebro es el órgano social por excelencia. En su opinión, el *yo* se crea a partir de las interacciones con otros. Las relaciones son la pieza central, ya que gracias a las relaciones surge el *nosotros* y la internalización de formar parte de algo mayor que uno mismo.

Existen multitud de estudios sobre felicidad, bienestar e incluso sabiduría en los que se demuestra que, cuando una persona está en el *nosotros*, está en condiciones de dar lo máximo de su potencial.

Un buen líder conectará a las personas entre sí y provocará que todos formemos parte de ese *nosotros* que tiene una misión que cumplir, y la cumplirá con la participación de todos. Tenemos en el cerebro un circuito de vínculo con 200 millones de años de historia. Las personas necesitamos ser vistas, ser cuidadas y sentirnos seguras. De hecho, para Siegel recibir empatía es la *sangre de vida* para el bienestar de una persona, entendiendo por empatía la capacidad de percibir el estado emocional propio y de otras personas.

En conclusión, las claves del éxito evolutivo del *Homo sapiens* fueron el desarrollo de las capacidades simbólica y relacional. Centrarnos en competir en lugar de en colaborar dificulta nuestra aceptación social como líderes merecedores de la confianza del resto de la comunidad.

Socialización: la configuración inconsciente de nuestra percepción de la realidad

Nos centraremos en los aprendizajes sociales que se dan a partir de nuestro nacimiento. A estos procesos de aprendizaje de valores y pautas sociales se los denomina socialización.

En primer término, tenemos la socialización primaria, es decir, aquella que en otro tiempo se ha producido en el seno de la familia y que en la actualidad está dividida entre la familia, el parvulario y la escuela infantil. Los primeros meses son fundamentales, como ningunos otros, en la formación de nuestra personalidad.

La socialización en estos primeros meses tiene dos características singulares: la primera es que todo lo que aprendemos parte
de cero, es decir, nosotros no disponemos de otros conocimientos alternativos para oponernos a lo que nos están enseñando
y, por tanto, el cerebro graba toda la información de forma
que con posterioridad es muy difícil modificar lo aprendido;
la segunda es que es una socialización en su totalidad tácita o
inconsciente, sostenida por *inputs* afectivos.

Es decir, que aprendemos buscando la aprobación del entorno,
al que identificamos en una sonrisa, un tono amable, un abrazo
o un beso. Por lo tanto, estamos entregados por completo a una
situación de indefensión y alerta, en la que absorbemos lo que
nos enseñan, no solo como cierto, sino también como necesario
para nuestra supervivencia.

Podemos afirmar que esta fase concluye cuando el niño o la
niña tiene un rol definido fuera de su familia. Esto suele suce-
der cuando se integra en la escuela infantil. El principal agente
socializador es la familia. En la medida que vamos aprendiendo
el lenguaje, este se convierte en su gran herramienta.

La socialización secundaria comienza una vez concluida la
primaria y finalizará el día en que muramos, porque desde la
escuela hasta esa fecha no dejamos de aprender patrones de
conducta social esperados de nosotros en cada edad. Los agentes de esta fase son numerosos, aunque los principales son la
escuela, el grupo de pares, los medios de comunicación y las
instituciones.

La clave de esta fase ya no es la afectiva, ni los valores y pautas sociales que aprendemos parten de cero. Asimismo, los conocimientos que se adquieren durante la socialización secundaria no quedan grabados a fuego, como los aprendidos en la primaria. Son conocimientos que es posible descartar.

Construcción social de la realidad con arbitrarios culturales: la fantasía está al mando

Permitidme citar algunos ejemplos de cómo a lo largo de nuestra historia los humanos hemos sido o somos capaces, basándonos en arbitrarios culturales de argumentar, justificar e incluso intentar imponer criterios y comportamientos que desafían el sentido común y la más mínima ética y compasión por otros seres humanos.

Guerras de religión o guerras santas

Los conceptos de guerra justa del cristianismo, *razzias* en el islam o guerras por mandamiento en el judaísmo pretenden justificar el inicio de una guerra por motivos religiosos. Matar al infiel según el credo religioso ofrecía a los participantes una recompensa espiritual antes y después de la muerte.

Las diferentes religiones que predican el amor incondicional lo restringen a los semejantes en credo religioso. Según Charles Phillips y Alan Axelrod en su *Encyclopedia of Wars* de 2004, en la historia de la humanidad ha habido 1.763 guerras, de las que 123 han sido causadas por motivos religiosos. En la actualidad aún seguimos viendo prácticas sistemáticas de violencia justificadas desde el ámbito de las creencias religiosas que generan realidades sociales coherentes con esas justificaciones.

Esclavitud

La esclavitud como práctica social se encuentra ya en el antiguo Egipto. Multitud de países han incurrido en esa abominable práctica, tanto países de mayoría cristiana como protestante musulmana y en casi cualquier otro credo religioso que se os ocurra.

No existe un acuerdo en torno al número de esclavos que ha habido a lo largo de la historia, pero una estimación plausible es que, desde la Edad Media hasta finales del siglo XIX, entre 60-80 millones de personas fueron capturadas con violencia en África y vendidas por esclavistas occidentales, de las cuales casi la mitad murieron antes de llegar a su destino.

Esa cifra significa que, desde la Edad Media hasta hoy, unos 200 millones de seres humanos de origen africano han vivido en esclavitud. En Occidente, las justificaciones a la esclavitud han venido desde filósofos clásicos, como Aristóteles, a filósofos católicos, como santo Tomás de Aquino, o filósofos racionalistas, como John Locke, y un innumerable número de políticos, líderes religiosos y legisladores, a pesar de que la esclavitud ha sido una práctica que ha respondido a motivos económicos.

De hecho, el inicio de su abolición va ligada en la práctica a la Revolución Industrial iniciada en Inglaterra, que en el siglo XIX introdujo la compensación de un salario a los trabajadores. Esa práctica se demostró más productiva que la esclavitud. Es decir, que la abolición estuvo más ligada a una cuestión de eficiencia productiva que de vergüenza moral.

Imperios coloniales

A partir del siglo XV, España y Portugal inician una práctica de invasión militar y sometimiento global de otros países. Aún hoy, algunos intelectuales defienden la idea del *descubrimiento*. Es decir, que aventureros a sueldo y comisión como Colón o Magallanes *descubrieron* países, como si estos no existieran antes de su infortunada aparición en esas tierras. Muchos otros países se unieron a esa práctica, como fue el caso de Francia o el Reino Unido.

La justificación que se esgrimió en su tiempo a esas invasiones militares fue la de llevar la civilización o la religión a los habitantes de aquellos territorios. Sin embargo, los motivos reales fueron económicos y militares. Como en el caso de la esclavitud, un sinfín de juristas, pensadores y líderes religiosos elaboraron las justificaciones legales y morales que explicaban el atropello a millones de personas, a sus culturas y a sus creencias religiosas. Por ende, se volvió a unificar una realidad social coherente con los intereses prevalentes de una parte de la humanidad.

Sufragio universal pleno

Hasta la segunda mitad del siglo pasado no se permitió el voto femenino en la mayoría de los países, tanto en Europa como en América o Asia. De hecho, fue la Declaración Universal de los Derechos Humanos de la ONU en 1948 la que estableció el «derecho universal pleno de cualquier persona humana, sin exclusión por motivos de raza, sexo o nivel educativo».

Dicho de otra manera, durante los últimos veinte siglos, en Occidente y Oriente, juristas, pensadores y líderes religiosos elaboraron justificaciones legales y morales que buscaban negar el derecho a voto a más de la mitad de la población del planeta.

Del mismo modo que estas cuatro realidades sociales que acabamos de referir, podríamos citar otras muchas realidades que dan hasta miedo recordar, como es el caso del fascismo o del nazismo, y otras que son un rizo difícil de explicar desde la lógica, como es el caso del socialismo-capitalista chino o del comunismo-oligárquico ruso.

¿Y qué decir de la realidad social «objetiva»
que presentan los medios y las redes?

Cualquier persona que tenga interés puede averiguar quiénes son los propietarios de los diferentes diarios de información, de los canales de televisión o de las plataformas de noticias por internet. De la misma forma que conocemos su identidad, podemos intuir sus intereses empresariales y su línea ideológica.

A pesar de eso, leemos los diarios, vemos sus semanales y nos creemos sus noticias como si fueran objetivas y producto de un trabajo serio de investigación periodística. Y nos los creemos no porque no seamos inteligentes y no nos demos cuenta, sino porque las personas buscamos en el exterior una realidad social que confirme nuestra opinión previa; buscamos confirmar *nuestra* verdad, no *la* verdad.

En el capítulo tres explicaremos en detalle los modelos de aprendizaje y veremos que los seres humanos somos emocionales y no racionales. De hecho, un análisis detallado del voto ciudadano en política es un buen ejemplo, ya que podemos encontrar un espectáculo de realidades sociales inverosímiles cuasi infinito. Por ejemplo, algunos partidos políticos promueven una realidad social en la que se fomenta la natalidad y se restringe el aborto, pero a la vez defienden políticas de salarios bajos, empleo precario y prácticas de discriminación laboral de género para las mujeres que tienen hijos. Parecerá increíble, pero son votados por millones y millones de personas trabajadoras convencidas de que con esas políticas su economía y vida familiar saldrán favorecidas.

De igual modo, existen partidos políticos con discursos oficiales machistas que niegan la violencia de género contra las mujeres, pero que cuentan con un 40% de votos que provienen de mujeres. Y así un largo etcétera.

Una característica singular de nuestro tiempo es la denominada *posverdad*. Su definición: «Distorsión deliberada de una realidad, que manipula creencias y emociones con el fin de influir en la opinión pública y en actitudes sociales», y también las *verdades alternativas* son una característica actual. Líderes políticos como Donald Trump o Jair Bolsonaro son maestros en estas lides y obtuvieron 64 y 57 millones de votos, respectivamente.

Por último, tenemos las redes sociales. Estas iniciaron su camino como espacios de encuentro, pero con el tiempo se han convertido en creadoras de realidad social. De hecho, la Unión Europea y Estados Unidos están desarrollando legislación específica para establecer, por lo menos, un mínimo control sobre ellas y evitar, en concreto, la difusión de mensajes de odio y noticias falsas. Existen innumerables estudios que explican las patologías que ocasionan en los jóvenes las *realidades sociales* que se promueven en las redes, patologías que derivan en problemas de salud física y psicológica. Las redes sociales han creado una nueva realidad social en la que los modelos a imitar por los jóvenes son, en muchos casos, una fuente de frustración y dependencia.

Creo que, después de este pequeño recuento, no queda espacio para argumentar que la realidad social sea objetiva y ecuánime. Por el contrario, la revisión de los hechos históricos y cualquier análisis sociológico serio nos demuestra que la realidad social es construida por seres humanos a partir de intereses particulares y percepciones subjetivas de la realidad que nos rodea.

La gran ventaja del siglo XXI es que tenemos acceso a una cantidad de información de contraste como nunca antes hemos tenido, y que, por tanto, podemos disponer de una vía de salida a tanta distorsión. Como en tantos otros campos, la salida se encuentra en la educación y, en particular, en que los contenidos educativos expliquen de manera adecuada la complejidad, subjetividad y fragilidad de la realidad social.

Desde los inicios de la sociología y de la antropología, se han buscado instituciones sociales con connotaciones *universales* en todas las sociedades humanas. La búsqueda ha sido infructuosa. No existe ni una institución establecida de forma universal con las mismas connotaciones morales, simbólicas y pautas de comportamiento. Cada sociedad otorga una relevancia o ausencia de relevancia a determinadas conductas individuales y sociales, así como emite un juicio de aprobación o rechazo ante estas diferentes conductas.

Si hemos vivido sin contacto con otras culturas diferentes a la nuestra, ese es un hecho del que podremos no ser conscientes nunca. Todas las culturas definen un determinado modelo de organización social en base a esos valores que consideran vertebradores. Lo curioso de todo este proceso son las diferencias sustanciales que podemos ver de una cultura a otra y la inconsistencia de la falta de tolerancia entre ellas, cuando todas han sido construidas sobre consensos arbitrarios que, además, evolucionan en el tiempo.

En cada momento histórico, todas creen estar en posesión de la verdad y ser fruto de su rectitud moral, cuando esos dos conceptos son eso: puros conceptos cargados de subjetividad y validez temporal. Pongamos un ejemplo sencillo, pero muy explicativo.

En los años sesenta del siglo pasado todavía estaba vigente la segregación racial en las escuelas, universidades y medios de transporte en Estados Unidos. Esa conducta era apoyada por un sinfín de razonamientos *científicos*, *morales* o *jurídicos*, mientras que hoy en día las bodas o adopciones interraciales son práctica habitual.

No recuerdo ninguna petición formal de perdón por parte del Gobierno de España a los gobiernos de los países de América que fueron invadidos y sometidos en «la conquista». Tampoco recuerdo esa petición por parte de los gobiernos de EEUU, Reino Unido, Francia, etc., a las comunidades indígenas o a los países que sometieron con el uso de la fuerza. El actual grado de civilización aún no nos permite reconocer que basamos la definición de realidad social objetiva en arbitrarios culturales.

Nos da pánico descubrir la frágil consistencia y escasa ecuanimidad de los valores sobre los que en la práctica justificamos nuestras actuaciones como sociedades autocalificadas como civilizadas. Esta situación cambiaría si actualizamos nuestras creencias y, como veremos en el capítulo cuarto, aceptamos nuestra naturaleza inconsciente y emocional. A partir de ahí y de integrar que la realidad social es arbitraria y manipulable, será mucho más fácil que comencemos a pedir perdón, a perdonarnos y a ser más tolerantes con las diferencias culturales, con las fantasías que conforman el marco de creencias en cada sociedad.

Resumen

Desde los orígenes de la civilización humana, venimos soste-
niendo una variopinta colección histórica de supuestas *realidades sociales objetivas*. Vista la situación actual del cuidado
del planeta y el cada vez más desigual reparto de recursos, no
parece que esos relatos persigan el bien común o el avance y
transcendencia como especie dotada de consciencia que quiere
reinar en armonía con el resto de las especies y el entorno en
el que vive.

Parece que las historias que nos hemos explicado y creído hasta hoy han sido en su mayoría historias basadas en las no demostradas teorías darwinistas de «la ley del más fuerte» y «la
competencia» como herramientas para llegar a la excelencia.

En base a lo que ya conocen las ciencias naturales, podemos
afirmar que la compleja vida orgánica en este planeta apareció
gracias a que las células procariotas dejaron de ser organismos
unicelulares compitiendo entre ellos y se unieron para trans-
formarse en organismos pluricelulares y dar el salto evolutivo.

En la misma línea de conocimiento científico, sabemos que el
cuerpo de un ser humano desde los orígenes de su evolución
hasta el final de nuestros días es el resultado de la asociación
simbiótica de billones de organismos de menor tamaño que
desarrollan cooperaciones específicas y permiten que la vida
sea posible.

Y, en base a la posición mayoritaria de arqueólogos, paleontólogos, antropólogos, etc., el *Homo sapiens*, del que procedemos todos los humanos que habitamos este planeta, fue la opción exitosa de la evolución humana gracias a su creatividad y a su capacidad de colaboración y trabajo en grupo, no a su fuerza física o a su feroz espíritu competitivo. Aunque por ahora no hayamos sabido cambiar el modelo social, revisar y mejorar los patrones relacionales va a ser la base del próximo salto evolutivo

Lo que nuestras ciencias sociales sí saben es que la realidad social es arbitraria y manipulable y que por ahora también desconocemos las estrategias para revertir esta situación. Bienvenidos al «No Saber», bienvenidos a la realidad social.

3. La realidad económica

No previsible y no sostenible

A continuación, presento una breve reflexión sobre una de las principales derivadas de la realidad social, la realidad económica, que en la actualidad irradia multitud de incógnitas y necesita una intervención sistémica y profunda. A diferencia de las realidades físico, social e individual, el análisis de la realidad económica no es un objetivo central en este libro, por ello solo haré referencia a dos de sus características:

Un futuro económico impredecible

1. Las actuales crisis financieras, de suministros y sanitarias son impredecibles y tienen efectos globales. Desde la liberalización de los mercados financieros de los años 1980 y 1990 en Estados Unidos y la Unión Europea, los mercados han potenciado los comportamientos especulativos y aumentado su opacidad. La búsqueda de máxima rentabilidad a corto plazo, le ha restado componente racional a la conducta de los

principales agentes económicos. Esa pérdida de racionalidad ha provocado una pérdida de previsibilidad sobre cómo van a desarrollarse los ciclos económicos.

2. La globalización se consolidó como estrategia productiva en la década de los 1980 y ha generado innumerables deslocalizaciones de unidades productivas de Estados Unidos y la Unión Europea hacia China y otros países. Con el paso de las décadas, esa estrategia ha producido dependencia de los países occidentales respecto a sus proveedores de productos de consumo y, lo que es más grave, de componentes estratégicos, como por ejemplo microchips o baterías eléctricas, claves para un mundo digitalizado y electrificado.

   a) Al incrementarse de forma sustancial la interdependencia de los mercados, cualquier incidente grave en un lugar con significación económica, produce un entramado de consecuencias no controlables que afectan a muchos mercados.

   b) La explosión del turismo *low cost* desde 1980 ha triplicado el movimiento anual en personas, incrementándolo en 800 millones de personas/año según las cifras de la Organización Mundial de Turismo. Hay que resaltar su impacto negativo en contaminación ambiental, masificación y gentrificación en los lugares de destino.

   c) Esa movilidad y el continuo tráfico de animales y alimentos han aumentado de manera exponencial los contagios y por tanto las crisis sanitarias globales, capaces de colapsar la economía, como ha sido el caso de la pandemia de la COVID-19.

d) La oferta de productos de consumo se ha polarizado. La venta de productos de lujo no ha dejado de crecer. Es un mercado nicho para el cada vez más numeroso colectivo de millonarios.

e) Por otro lado, la venta de productos *low cost* fabricados gracias a la producción externalizada en países emergentes ha generado precarización laboral en los países occidentales, explotación laboral en los países productores y empobrecimiento generalizado de la clase media. Además de haber incrementado la contaminación ambiental debido a la corta duración de los productos *low cost* y a la escasa regulación ambiental en los países productores.

3. El actual sistema económico nos ha llevado a originar una crisis climática. La sostenibilidad ya no es una opción voluntaria. Nuestro planeta es incapaz de absorber las tasas de contaminación actuales y no disponemos de un planeta B.

Inteligencia artificial y futuro del trabajo desempeñado por humanos

En los próximos veinte años, la velocidad exponencial en el desarrollo e implantación de las info y biotecnologías cambiará las reglas de juego de los agentes económicos de muchos sectores. La inteligencia artificial y la robótica comportarán la creación de millones de nuevos puestos de trabajo, pero también ocasionarán la sustitución a gran escala de mano de obra especializada y no especializada.

El trabajo de las personas ya no será competitivo en la mayoría de actividades. Los puestos de trabajo que impliquen ensamblaje o carga serán los primeros en ser amortizados de forma masiva.

Podrá ser automatizado también cualquier puesto de trabajo cuya función principal sea recopilar y evaluar información; es decir que perfiles como, por ejemplo, médicos de familia o abogados pasarán a ser desempeñados mayoritariamente por algoritmos equipados con sus correspondientes detectores sensoriales que les permitirán evaluar las emociones de los clientes.

En algunos sectores como por ejemplo el transporte, las finanzas y empresas del sector seguros, la reducción de puestos ocupados por personas será exponencial.

Los vehículos autónomos harán innecesarios a los chóferes y el uso generalizado de la banca y seguros *online*, a los empleados de oficinas bancarias y empresas aseguradoras. Únicamente un número muy reducido de personas realizarán las excepcionales gestiones presenciales y el control de los sistemas informáticos y actualización de algoritmos.

El desarrollo e implementación de tecnologías de diagnóstico y seguimientos *online* transformarán los sistemas sanitarios; educación *online* versus educación presencial, etc.

Las grandes plataformas de compra *online* y distribución: continuarán reduciendo la red de comercio minorista en una amplia variedad de sectores, con la consiguiente pérdida de empleos, de red local de servicios y la aparición de prácticas de oligopolio.

El porcentaje de población activa será inferior al de población desempleada. Como dice Yuval Noah Harari, aparecerá una nueva clase: «Los inútiles globales».

Esta transformación del mercado de trabajo empujará a los gobiernos a cambiar las políticas de inmigración, ya que los países del denominado primer mundo no serán capaces de ofrecer opciones laborales ni a sus pobladores nativos y también les obligará a legislar nuevas políticas de decrecimiento demográfico, ya que las arcas públicas no serán capaces de dar las asistencias básicas propias del Estado del bienestar a una población con tan elevado índice de paro.

Sociedad 5.0

Como apunte final de este capítulo, haré una breve referencia a la propuesta japonesa de Sociedad 5.0.

Este modelo surge en 2016 a partir de una iniciativa del gobierno de Japón. El bienestar de las personas, las dinámicas sociales de inclusividad, la sostenibilidad de los procesos de producción y tecnológicos están en la base.

Según los postulados de Sociedad 5.0, se ha producido la siguiente evolución histórica de los modelos de sociedad humana:

- Sociedad cazadora-recolectora: misión, sobrevivir

- Sociedad agraria y cría de animales en granja: misión, no depender de la naturaleza. Ser autónomos.

- Sociedad industrial (Revolución Industrial): misión, incrementar de forma exponencial la producción.

- Sociedad de la información: misión, situar a la tecnología en el centro a través de la transformación digital en los ámbitos personal y profesional de la vida de las personas.

- Sociedad 5.0: misión, el bienestar de las personas.

- Nuevas problemáticas:
  - Calentamiento global.
  - Población envejecida y superpoblación.
  - Nuevo tipo de enfermedades físicas y mentales.

- Nuevas necesidades:
  - Cuidado del planeta.
  - Cuidado de las personas.
  - Necesidad de encontrar soluciones sostenibles.

- Herramientas:
  - Conocimiento abierto.
  - Inteligencia colectiva, participación. No depender en exclusiva de las propuestas de los gobiernos.
  - Nuevos paradigmas en educación sanidad, financiación, ocio, transporte, etc.

Singularidades del modelo de sociedad 5.0

- De un modelo tecnocéntrico a un modelo antropocéntrico.

- En la nueva sociedad 5.0, las tecnologías son el intermediario para la comunicación y actuación con el entorno y ellas proveen también de forma total y automatizada la mayoría de bienes y servicios.

- La integración de datos es la clave en la toma de decisiones inteligentes. Se crea un ecosistema entre lo físico y lo virtual; es decir, entre el ciberespacio y el espacio físico. Esto es así desde los coches que se comunican entre sí hasta los edificios inteligentes que consiguen mejorar usabilidad, gasto energético, costes de mantenimiento, etcétera.

- El bienestar del ser humano es el centro y es el ser humano quien diseña las estrategias macro, pero son las máquinas, gracias a la inteligencia artificial, las que se van mejorando a sí mismas y tomando las decisiones operativas de actualización.

- El modelo japonés sociedad 5.0 pone al hombre en el centro, frente al modelo alemán industria 4.0 o el modelo China 2025, que ponen a la tecnología en el centro.

- Del individualismo del modelo industria 4.0 a la sociedad inclusiva y del beneficio compartido del modelo 5.0.

Resumen

Sin duda nos acercamos a una nueva realidad económica y social que sabemos que está llegando, pero que nos da pánico vislumbrar, como también nos costó asumir las tesis sobre crisis climática, que tantos expertos predijeron.

El modelo social que viene no tiene por qué ser peor que el actual, pero sin duda nos va a exigir drásticos mecanismos de ajuste y una transición muy difícil.

Según mi criterio, una vez pasada esa etapa, el futuro será más sostenible, más colaborativo y con más compromiso social o no será.

En conclusión, siguiendo criterios científicos, hablar de realidad económica actual es referirnos a una realidad no predecible y no sostenible. El gran problema es que los gobiernos occidentales no saben cómo redirigir la situación y cerrar acuerdos globales que devuelvan la predictibilidad y sostenibilidad a la economía. Bienvenidos al «No Saber», bienvenidos a la realidad económica.

4. La realidad individual

Emocional y no consciente

Hablar de realidad individual es hablar de emoción y de cognición, ya que nuestro aprendizaje, conducta y la interpretación de la realidad individual que vivimos serán filtrados por ambos.

Es hablar también de consciencia y del inconsciente, ya que esas son las dos plataformas desde las que recibimos *inputs* acerca de lo que se manifiesta en nuestra realidad individual.

Es hablar del libre albedrío, ya que su existencia o inexistencia decantará nuestro rol, en la vida cotidiana, en dos muy diferentes direcciones: decidir o aceptar.

Por último, pero no menos importante, hablar de realidad individual es hablar de la muerte del cuerpo físico.

Haré una recapitulación de todos estos matices de la realidad individual aplicando los conocimientos que los humanos hemos descubierto en los últimos cien años, pero que no estamos aplicando.

Aprendizaje y claves de éxito: la emoción y el asombro como protagonistas

El proceso y naturaleza del aprendizaje de contenidos y de conducta junto con todo el entorno del nacimiento condiciona en gran medida la experiencia vital de un ser humano.

En el paradigma científico se exige que, para rebatir una teoría vigente, se necesitan pruebas que demuestren la verdad de una nueva. Una vez que la nueva es refrendada, se descarta la anterior como obsoleta.

Pero ¿y si resulta que, como consecuencia de las explicaciones de los libros de texto de universidades e institutos y las más habituales en los medios de comunicación, las creencias sociales más implantadas no se ciñen a los postulados científicas actualizados y explican otros obsoletos o, cuando menos, ya puestos en cuarentena? Esa es la situación en la que se encuentran las teorías sobre:

1. Los procesos centrales del aprendizaje de contenidos:

La creencia social más aceptada es que el aprendizaje humano se integra de forma consciente y racional. Los estudios científicos actuales ponen énfasis en los componentes inconscientes y emocionales.

2. Activadores e inhibidores centrales
de la conducta:

La creencia social más implantada es que estos activadores e inhibidores actúan a nivel consciente. Los estudios científicos actuales ponen énfasis en los activadores e inhibidores centrales que actúan de forma inconsciente.

Los seres humanos tenemos conductas instintivas o innatas y conductas que aprendemos. Dentro de las innatas encontramos, por ejemplo, todas aquellas que nos permiten defendernos de peligros exteriores, como ponernos en posición fetal en una situación de extremo peligro por un impacto. La mayoría de las definiciones sobre el aprendizaje hacen referencia al proceso por el que incorporamos contenidos que modifican nuestras actitudes, habilidades o comportamientos de forma permanente.

Existen diferentes tipos de aprendizaje. Por ahora me limitaré a citar dos de ellos: los aprendizajes que se realizan gracias a la observación y los que se hacen por asociación. Por observación, son aquellos que tienen lugar imitando las conductas de otras personas (aprendizaje social u observacional). Por asociación, son aquellos en los que se realizan asociaciones de una conducta y sus consecuencias (conductismo).

Existen cuatro factores clave para el éxito en el aprendizaje: motivación para aprender (componente emocional), capacidades cognitivas (componente intelectual), capacidades pedagógicas del profesor o profesora y técnicas de aprendizaje.

Cuando aprendemos de forma voluntaria por observación, existe un activador emocional, ya que nosotros decidimos observar la conducta de una determinada persona y no de otra. Asimismo, si analizamos con detalle incluso las teorías conductistas más extremas, nos daremos cuenta de que en los seres humanos la emoción posterior a la conducta es el primer factor que garantiza el éxito o fracaso del aprendizaje. La emoción también es importante de inicio. Si no hay motivación para aprender, los resultados serán pobres o nulos.

Cuando me refiero a motivación, me estoy refiriendo a *querer* o *no querer* aprender. La emoción (motivación) no solo tendrá una importancia central para aprender, sino que será básica para que decidamos ayudar a otros a incorporar los aprendizajes que nosotros hemos recibido y, por supuesto, para despertar en ellos su motivación para aprender.

Tenemos que recordar algo demostrado en los procesos de comunicación: nuestra credibilidad como enseñantes depende en gran medida de nuestro comportamiento no verbal, y este escapa al control consciente. Si la motivación (emoción) no es real, la comunicación no es efectiva.

La importancia de la emoción en el aprendizaje ha sido estudiada por las ciencias naturales, y en particular por la neurociencia. La amígdala y el hipocampo son las dos áreas cerebrales más relevantes para el aprendizaje. Ambas pertenecen al cerebro límbico, que, según el enfoque clásico del funcionamiento del cerebro, es el encargado de procesar todas las emociones.

La información que nosotros recibimos en un proceso de aprendizaje pasa siempre en primer lugar por el sistema límbico y después se dirige a la corteza cerebral. A partir de ese momento se procesa la información y se configura una emoción y su consiguiente estado de ánimo. Según el doctor Carlos Logatt Grabner, para que memoricemos un recuerdo, este debe tener algún vínculo con una emoción. Las emociones estimulan la actividad de las redes neuronales y mejoran las conexiones sinápticas.

Por último, la intensidad de la atención del alumno durante el proceso de aprendizaje estará relacionada de forma directa con la presencia o ausencia de una emoción positiva, es decir, de una motivación personal hacia ese aprendizaje concreto. Está demostrado que la atención organiza las neuronas.

El segundo factor clave en el éxito o fracaso del aprendizaje serán las capacidades cognitivas previas del aprendiz, es decir, su inteligencia. Los dos factores últimos son exteriores, ya que dependen del nivel de calidad pedagógica del profesor o profesora y, en el caso de las técnicas de estudio, del entorno pedagógico y familiar.

Estos tres factores de éxito o fracaso nos vuelven a recordar, una vez más, la gran influencia del azar en el éxito y en el fracaso en el aprendizaje y en toda la esfera social, porque no elegimos la inteligencia que tenemos al nacer, ni tampoco nuestra familia, la que, sin duda, puede ser de gran ayuda si en ella ya existe o no un saber aprender, unas técnicas y costumbres de estudio.

La familia en la que nacemos de forma aleatoria también será importante porque, en función de sus medios económicos, tendremos oportunidad de una educación de mayor o menor calidad y podremos fracasar más o menos veces en alcanzar los objetivos educativos requeridos.

Como sociedad, es recomendable que seamos proactivos y desarrollemos nuevos modelos de educación que tengan en cuenta los cuatro aspectos que la ciencia ha confirmado en el último siglo: naturaleza emocional e inconsciente del aprendizaje junto a la naturaleza social y cooperativa del ser humano.

Para que ese nuevo modelo de educación sea efectivo, deberá dar un especial valor a la etapa vital que va desde el nacimiento hasta los seis o siete años. Ya que, como hemos visto en el apartado de la socialización primaria y secundaria, ese es el período más relevante en la configuración de la personalidad. Deberán estar implicadas las familias y las escuelas.

El eje será la educación relacional, desde una perspectiva holística del ser humano y por tanto considerando que es un ser social y que la plenitud vital es más posible si aprende a vivir en relación armónica consigo mismo, con los otros y con su entorno y que por tanto necesita ser educado para ser capaz de relacionarse desde sus sentimientos, sus sentidos y su intelecto. En la bibliografía aparece el libro *Educació relacional* del Instituto Relacional. Lo considero un ejemplo a tener en cuenta en la búsqueda de ese nuevo modelo educativo.

Sé que en la actualidad parecerá utópico, pero creo necesario añadir una última reflexión acerca de la importancia central en nuestro posterior desarrollo como seres humanos del aprendizaje por las experiencias vividas durante los nueve meses previos al nacimiento. Según mi criterio, la educación se inicia en ese período y sería conveniente la aparición de escuelas específicas que educaran a madres y padres para que acompañaran adecuadamente a los bebés durante el embarazo, para que los progenitores adquirieran los conocimientos adecuados y luego pudieran desempeñar su rol con más recursos que solo sus instintos. En esta preparación previa es en la que seguramente se consiga una concienciación profunda del papel central de los progenitores en la educación y de la necesidad de su colaboración activa con las escuelas a las que luego asistirán sus hijos.

El ser humano es racional y consciente: una afirmación sin base científica

Hablar de realidad individual humana es hablar de consciencia individual, ya que a través de la consciencia percibimos la realidad. Por tanto, para entender qué es y cómo es esa realidad individual, es necesario profundizar un poco en el conocimiento de esa herramienta de percepción.

La consciencia ha sido estudiada, entre otras, por la filosofía, la psicología, la psiquiatría y la neurociencia, cuyos enfoques y conclusiones son muy diversas. Lo que podemos asegurar en la actualidad es que tanto las ciencias naturales como las ciencias sociales desconocen los aspectos fundamentales de la consciencia.

Es decir, no tenemos pruebas científicas concluyentes que nos expliquen ni su origen, ni su naturaleza, ni tan siquiera un acuerdo unánime sobre cuál es la ubicación física precisa en el cerebro o si se encuentra, o no, en él. En resumen, que no conocemos los fundamentos de la principal singularidad del ser humano; de la característica que, junto con la racionalidad, siempre argumentamos que nos diferencia.

Un detalle gramatical. La diferencia entre conciencia y consciencia. El significado de *conciencia* es más amplio que el de consciencia y hace referencia también a la dimensión moral del pensamiento, sentimiento o conducta. Un ejemplo sería el tener buena o mala conciencia sobre un determinado acto. El significado de *consciencia* hace referencia a la capacidad de conocer nuestra propia existencia y capacidad de vernos y reconocernos.

A lo largo de la historia como humanidad, con mayor énfasis desde el Renacimiento y en particular desde Descartes, nos hemos explicado historias acerca la condición racional de los seres humanos que no se adaptan a la realidad y ni tan siquiera a las funciones para las que se ha desarrollado el cerebro, que, por otro lado, es aún un misterio para las ciencias naturales. Lo que conocemos de él son las zonas que se activan e intervienen en las diferentes funciones cognitivas.

Por decirlo de una forma sencilla, sabemos cómo funciona y cuándo se activa su cableado, pero eso no quiere decir que sepamos cómo funciona todo él, ni tampoco cuál es su intervención concreta en los actos de consciencia o inconsciencia.

Lo que sí conocen las ciencias naturales, y en particular la neurociencia, es que la consciencia procesa un porcentaje ínfimo de información. Por tanto, ya es hora de que nos aceptemos como seres emocionales y abandonemos la fantasía de ser seres racionales, que, además, por otro lado, no tenemos por qué considerar como una opción más óptima. De hecho, basta con ver el estado de destrucción al que hemos llevado al planeta y la continua desaparición de especies que ocasionamos los humanos, autocalificados como racionales.

El postulado de la racionalidad humana –es decir, que nuestra existencia está guiada por las decisiones que tomamos desde la razón– no cuenta con estudios científicos específicos que lo avalen. Los actuales estudios realizados por multitud de neurocientíficos apuntan en una dirección bien diferente.

Para la doctora Lisa Feldman, vivimos en un continuo de *realismo afectivo* en el que lo que creemos y lo que sentimos determina lo que vemos. Para ella, la realidad no se sustenta en «ver para creer», sino en «creer para ver». Es más, sentimos lo que el cerebro cree en su continua actividad intrínseca de elaboración de predicciones. Según sus estudios, más de un 90% de las conexiones neuronales del cerebro transportan predicciones, y solo una pequeña cantidad de neuronas se encargan de transferir información visual directa del mundo físico. Para Lisa Feldman, la actividad intrínseca de elaboración de predicciones está al volante y la racionalidad es una pasajera.

De igual manera, para el neurólogo y reconocido neurocientífico Antonio Damásio, las personas con daños en la zona frontal del córtex, lugar donde se elaboran las predicciones, presentan graves problemas en la toma de decisiones.

Para la neurociencia, la anatomía del cerebro está estructurada para que las acciones o decisiones sean consecuencia de un previo proceso de predicción y su emoción correspondiente.

Las predicciones y sus emociones respectivas comienzan a elaborarse tras nuestro nacimiento. Estos procesos se sustentan sobre una serie de conceptos, los cuales integramos en base a los *inputs* sensoriales recibidos del cuerpo y del entorno, en especial, y de forma inconsciente durante la socialización primaria, como vimos en el anterior capítulo. Por ende, en base a nuestra experiencia, cada uno de nosotros construimos nuestra realidad subjetiva.

Esta premisa de la continua actividad intrínseca del cerebro, de ese 90% de conexiones neuronales dedicadas a las predicciones, concuerda con el postulado del 95% de procesamiento inconsciente de la mente; es decir, que ante todo está ocupada en regular el funcionamiento de los diferentes órganos y sistemas internos del cuerpo y en hacer predicciones que nos ayuden a prever y a sobrevivir a los peligros externos. Es el resultado de millones de años de evolución en los que esas dos actividades fueron el centro de los procesos mentales.

Quizá debemos empezar a imaginar el cerebro de una forma más realista, es decir, como un órgano valiosísimo cuyas tres funciones básicas son almacenar información y emociones, elaborar predicciones, interconectar partes del organismo y, por último, alojar los programas automáticos que regulan las funciones corporales.

Además de los 86.000 millones de neuronas que tenemos en el cerebro, poseemos otros 500 millones más en el tubo digestivo y unas 40.000 en el corazón. Como consecuencia, podemos afirmar que tenemos tres cerebros conectados entre sí. Otro hecho más que demuestra la importancia de la colaboración y como esta está presente en todos los niveles de la vida.

Ignacio Morgado Bernal, catedrático emérito de Psicobiología en el Instituto de Neurociencia y en la Facultad de Psicología de la Universidad Autónoma de Barcelona, define la consciencia como un estado mental que nos permite ser conscientes de nuestra existencia. Es una experiencia que se limita a nuestra persona, no podemos sentir la consciencia de otra persona. Según Morgado, no es descartable la teoría que defienden algunos científicos sobre la utilidad limitada de la consciencia.

Es decir, que la consciencia aparece cuando pensamos en nuestros pensamientos, como sucede con el humo cuando hacemos fuego o con el ruido cuando encendemos un motor. Que los humanos seamos capaces de ser conscientes de nuestros pensamientos y de nuestra existencia no significa que eso conlleve la toma de decisiones racionales o tan siquiera que esas reflexiones no estén repletas de falta de lógica.

Hasta que las ciencias no descubran qué es la consciencia, deberíamos abandonar los presupuestos más implantados sobre que ser conscientes nos lleva a tomar decisiones conscientes, en el sentido de decisiones racionales. No hay más que recordar las dos grandes guerras del pasado siglo XX. También os invito a que os hagáis unas sencillas preguntas sobre algunas de las decisiones centrales de nuestra vida y valoréis si la mayoría de seres humanos las tomamos en base a análisis racionales previos o no:

1. ¿Cómo decidimos tener hijos?

¿Es una decisión razonada después de valorar todos los pros y los contras de las consecuencias que esa decisión tendrá en nuestra vida? ¿Leemos varios libros sobre pedagogía para ser conscientes de las principales dificultades en la educación de los futuros hijos y cómo abordarlas? ¿Consultamos con anterioridad libros de psicología infantil para aprender cómo acompañar y educar a nuestros hijos? ¿Leemos antes libros de pediatría para aprender cómo cuidar su salud física? ¿Nos hacemos pruebas de ADN para indagar en los potenciales que les podemos transmitir? ¿Reflexionamos sobre si nuestra familia puede ser en el futuro un buen referente para el equilibrio emocional y el éxito social de nuestros hijos? O bien decidimos tener hijos porque nos hace ilusión y ya veremos cómo se irán dando las cosas en un futuro.

2. ¿Cómo decidimos con quién casarnos y formar una familia?

¿Conocemos y aceptamos las metas y propósitos vitales de nuestra pareja y nos comprometemos a respetarlos y a no hacerle renunciar a ellos? ¿Visitamos un o una psicoterapeuta para indagar si tenemos compatibilidad de caracteres y si nuestras metas personales y profesionales son conciliables? ¿Acordamos con nuestras familias respectivas el rol que les vamos a dejar jugar en nuestra vida de pareja? O bien decidimos casarnos porque nos hemos enamorado y creemos que seremos felices por siempre jamás.

3. ¿Cómo decidimos nuestra profesión?

¿Las escuelas primarias y el instituto nos han hecho una serie de diagnósticos para conocer cuáles son nuestros dones y preferencias profesionales y hemos decidido en base a esos datos y a nuestra reflexión personal posterior? ¿Hemos visitado a algún especialista con el fin de realizar esos diagnósticos, como consecuencia de que no nos los habían hecho en la escuela o en el instituto y hemos decidido en base a esos datos y a nuestra reflexión personal posterior? ¿Hemos reflexionado sobre qué grado de plenitud vital nos proporciona cada una de las posibles profesiones que están en nuestro campo de mira? O bien hemos decidido nuestra profesión en base a la oferta de trabajo que había disponible, o en base al deseo de tener la misma profesión de alguien al que admiramos, o en base a los deseos de nuestros padres o de lo que estudian nuestros amigos.

4. ¿Cómo decidimos votar a un partido político?

¿Los futuros votantes leemos algunos libros de ciencia política o historia comparada que nos permitan tener una información objetiva de los postulados ideológicos que propone cada uno de los partidos que se presentan a las elecciones? ¿Asistimos a mítines de algunos de esos partidos para comprobar la determinación con que defienden sus propuestas? ¿Leemos los programas que los diferentes partidos presentan a las elecciones? ¿Consultamos la hemeroteca para cerciorarnos sobre si han o no cumplido sus promesas electorales en pasadas elecciones? O bien nos informamos por medio de nuestros canales de televisión, prensa o internet preferidos y votamos basándonos en el carisma personal y credibilidad que nos parece que tiene el candidato o candidata.

Si nos ajustamos a lo que pasa en la realidad, con mucha probabilidad la opción que habrá salido es la última de cada una de las cuatro preguntas. Ello nos lleva a la conclusión de que la gran mayoría de las decisiones más importantes tienen ante todo un componente emocional e inconsciente, y no uno racional y consciente, como nos gusta pensar, al tener el prejuicio de que los humanos somos seres racionales, algo que no fue ni Aristóteles, padre de la lógica y hombre que vivió creyendo y basando su vida cotidiana en dioses y personajes mágicos de mundos mitológicos.

Desde el punto de vista de diferentes prácticas *espirituales*, estar consciente significa estar presente y permitir que los pensamientos sigan su curso autónomo, sin reprimirlos ni identificarse con ellos. Por ende, una persona consciente se convierte en una observadora ecuánime de su experiencia vital. Durante ese estado de consciencia plena no hay juicio y, por tanto, no se producen reflexiones sobre ningún aspecto de la vida. La mente puede activarse, pero no es la protagonista.

Desde el punto de vista *mundano*, estar consciente es muy diferente y tiene relación con usar la mente para observar, reflexionar o tomar una decisión.

Para un ser humano, vivir de forma consciente es una potencialidad y no un estado natural. Por lo tanto, cualquier ser humano puede mantenerse consciente si ejecuta una amplia variedad de prácticas. Ahora bien, cuando dejamos que la mente funcione en automático, nos traslada del presente al pasado y al futuro, en un continuo aleatorio y casi siempre inconsciente.

Podríamos, por tanto, hablar de dos tipos de consciencia: la consciencia mental, es decir, aquel estado en el que entramos cuando, utilizando la mente, reflexionamos sobre nuestros pensamientos; y la consciencia sin mente, en la que conseguimos un estado,de observación sin juicio y donde el observador y sus pensamientos ya no son los protagonistas.

Estos dos tipos de consciencia dibujan las posiciones confrontadas de las líneas filosóficas occidental y oriental. Occidente ha dado al *yo* el rol de causa de la consciencia, mientras que Oriente le ha dado el rol de consecuencia de la consciencia. Para Oriente, el yo, es decir, el observador, no solo no es necesario, sino que es una molestia, ya que solo cuando, gracias a la meditación, desaparece el *yo*, puede aparecer la consciencia plena.

Cuando Oriente habla de un estado elevado de consciencia, habla de la atención plena, y en ella el sujeto, el *yo,* es soporte de la experiencia, pero no protagonista. Cuando Occidente habla de un estado elevado de consciencia, habla de un sujeto, de un *yo* que protagoniza una experiencia reflexiva o mística. En las últimas décadas se han publicado multitud de estudios sobre los beneficios de las prácticas de presencia consciente más allá del pensamiento. Cada día más y más personas incorporan este tipo de prácticas.

Mi primer contacto con ellas fue hace unos treinta años, y en mi caso fue la meditación *Zen* (*zazen*). Pude ser consciente por primera vez del sin parar de mis pensamientos, de su aleatoriedad, de la frenética actividad mental en la que vivía. Tuve consciencia de que, en realidad, yo habitaba en mis pensamientos y que estos no eran una elaboración consciente de mi mente. Eran residuos mentales que no me permitían conectar con la vida desde un estado de observación sin juicio y que, de esa forma, estaba siempre reafirmando mis prejuicios acerca de lo que se presentaba ante mí.

Estoy de acuerdo en la utilidad de la consciencia para reconocernos en un pensamiento o en un espejo y no confundirnos con el vecino. Pero, ¿y si esa no fuera la función central de la consciencia?, ¿y si esulta que la importancia vital de la consciencia para el ser humano está más relacionada con permitirnos entrar en otro estado de percepción que está más allá del pensamiento o de la identificación con nuestro ego?

Quizá deberíamos introducir en el discurso una mayor gama de matices y profundizar más en el conocimiento de las singularidades de la consciencia mental y la consciencia que habita más allá de la mente.

La vida ha sido generosa conmigo y me ha permitido conocer personas que han experimentado el despertar espiritual. Sus historias personales tienen pocas similitudes, pero una de ellas es que les sucedió sin llevar a cabo una búsqueda espiritual previa. De hecho, todas ellas, explican que la búsqueda del despertar es una dificultad añadida para que este se produzca.

Aclaremos el concepto. La mayoría de nosotros lo asociamos con personajes históricos como Buda o como Nisargadatta Maharaj, y descartamos *a priori* que sea un fenómeno recurrente en la historia de la humanidad. En realidad, ha sido y es un fenómeno recurrente, pero antes no se hacía público o las personas que lo experimentaban no disponían de referentes y no sabían cómo calificarlo.

Se desconocen las causas que lo originan, pero en las personas que lo han tenido, se detiene la actividad intrínseca del cerebro. Desaparecen los pensamientos recurrentes, las predicciones continuas y surge una nueva percepción de la realidad, libre de los filtros de los continuos juicios mentales. Se desvanece la identificación con su ego.

No me extenderé sobre este tema, puesto que se han publicado magníficos libros monográficos. Mi cita tiene la intención de añadir otro detalle más que nos vuelve a situar en que el nivel más elevado de consciencia es aquel que está más allá del pensamiento; es decir, el de la consciencia no mental.

En relación con este matiz, cabe introducir un comentario sobre la revolución que comportará la implementación masiva de la Inteligencia Artificial (IA) en los próximos veinte años. Con el fin de no extenderme, me ceñiré a una de las experiencias de IA, la desarrollada por Google y que tiene el nombre de «LaMDA» y que en su origen era un robot de conversación.

Blake Lemoine, uno de sus ingenieros desarrolladores, publicó una conversación suya con LaMDA en la que esta se autocalificaba como persona y como capaz de ser consciente de su existencia y de tener sentimientos como alegría o tristeza, depresión o estrés. La divulgación de esta conversación por Blake Lemoine, provocó su despido de Google.

Sin duda estamos viviendo un momento histórico que va a deparar que podamos ser testigos de nuevas realidades sociales que escapan a la más atrevida de las imaginaciones.

La IA se puede mover en el campo de la consciencia mental y llegar a desarrollar algoritmos que superan la capacidad del cerebro humano. Según mi criterio, el ser humano puede moverse en ese campo y, a diferencia de la IA, también en el de la consciencia más allá de la mente, más allá de los datos, en el campo del vacío, sin propósito y sin búsqueda de respuesta, ni de una nueva pregunta. En el campo del puro silencio. Esa es nuestra singularidad, lo que nos hace únicos.

Creo que integrar una práctica que nos permita experimentar un estado de consciencia más allá de la mente cambia el lugar desde el que nos relacionamos con la vida.

Desconozco lo que es vivir en el silencio absoluto de la mente, puesto que no soy una persona despierta, pero sí he tocado el silencio en alguna ocasión, sentado en *zazen*. Esas fugaces experiencias me llevaron a dar el paso y ordenarme monje zen. La experiencia de vacío y silencio, de manera paradójica, produjeron en mí una plenitud antes desconocida. En ese estado no necesitas respuestas, ni tienes preguntas. Aparece la certeza de SER.

Desmontando el paradigma del «yo pienso»: recolectores de ideas ajenas

Cuando nos encontramos en una conversación defendiendo con pasión nuestras creencias, quizá es el momento de quedarse en silencio y preguntarse si las hemos desarrollado de forma autónoma. Es decir, si en algún momento de nuestra vida hemos partido de unas creencias o pensamientos neutros y, como consecuencia de nuestros estudios objetivos y nuestras experiencias vitales abiertas y sin prejuicios, hemos llegado a conformar esos pensamientos.

No tendremos más remedio que llegar a la conclusión de que nunca hemos existido como ese ser neutro, como esa página en blanco, y que, muy al contrario, desde antes de nacer, nuestro cuerpo emocional y mental ya estaba empezando a ser conformado en gran parte.

Al final, llegaremos a concluir que no existe un «yo pienso», que lo que existe es un «yo recolecto», es decir, un ser humano que ha ido más bien con prisas, construyendo juicios, creencias y pensamientos sobre él mismo y sobre el mundo que le rodea a partir de informaciones asimiladas en muchas ocasiones de forma inconsciente y en otras de forma precipitada. Sin el conveniente estudio comparativo con otras alternativas posibles de argumentos elaborados por otros recolectores certificados como expertos.

Cuando asumes que eres un *recolector* y no un *pensador*, vuelves a dar un paso más en tu camino para liberarte de cargas ajenas y para permitirte ser más tolerante contigo mismo y con todos los otros *recolectores*.

Tu plenitud vital es proporcional
a la calidad de tus relaciones

Al igual que hemos visto en el aprendizaje, el éxito o fracaso en la interacción social y de la plenitud vital va ligado al grado de desarrollo de la inteligencia emocional en mucho mayor grado que a la inteligencia cognitiva.

En 1985, el doctor Wayne Payne utilizó por primera vez el término *inteligencia emocional* en su tesis doctoral. Salovey y Mayer en 1990 vuelven a plantear este concepto como una habilidad de percibir y expresar emociones. La difusión de este concepto se produjo de forma global en 1995 a partir de la publicación del libro *Inteligencia emocional* de Daniel Goleman. Para él, poseer inteligencia emocional significa que somos capaces de conocer y expresar nuestros sentimientos (inteligencia intrapersonal) y de distinguir y empatizar con los sentimientos de otras personas (inteligencia interpersonal).

Goleman ha sufrido innumerables críticas por parte de científicos de la personalidad y la conducta, pero, aun así, sus teorías se han anclado en el imaginario profesional, y en torno a él se han desarrollado una cantidad ingente de test y formación tanto terapéutica como académica enfocada al *management*.

Algunos expertos sitúan la inteligencia emocional en la amígdala, que, como ya comentamos, es parte del cerebro límbico. La extirpación de la amígdala produce ausencia de emociones y pérdida de memoria.

Si planteamos el supuesto de dos inteligencias separadas, la racional y la emocional, de acuerdo con lo que la neurociencia conoce, la inteligencia emocional tiene la capacidad de nublar e incluso anular la inteligencia racional. De hecho, todos podemos acudir a nuestra experiencia y recordar que, cuando nos encontramos en un estado de alteración emocional, no somos capaces de pensar con claridad.

No hace falta remarcar que la inteligencia emocional es básica para los seres humanos, ya que somos animales sociales. De poco sirve una gran inteligencia cognitiva si somos incapaces de interactuar de forma satisfactoria con el entorno, y no solo por una cuestión de éxito social, sino por la sensación de plenitud vital. Nos conformamos y reafirmamos como personas en la relación con los otros y con el entorno; y eso es así desde el nacimiento a la muerte.

En un estudio reciente realizado con *millennials* sobre cuáles son los factores clave para ser felices, el 80% opinó que el factor principal era ser rico, mientras que un 50% consideró que el segundo factor era ser famoso. Durante setenta y cinco años, la Escuela de Desarrollo de Adultos de la Universidad de Harvard ha realizado el estudio más longevo de la historia acerca de las claves de la felicidad, situando el foco de estudio sobre setecientas personas a lo largo del tiempo.

Para ello se eligieron dos colectivos: un primer grupo de jóvenes estudiantes de Harvard y un segundo grupo de jóvenes que vivían en uno de los barrios más pobres de Boston. El psiquiatra Robert Waldinger es el actual director del estudio. Las conclusiones no hacen referencia al dinero o a la fama, sino a que el factor clave son las relaciones personales: si son buenas relaciones, nos mantienen felices y saludables. Las personas bien conectadas viven más y tienen mayor plenitud vital. Además, lo significativo no es el número, sino la calidad de esas relaciones. Estas, además de proteger el cuerpo, también incentivan el cerebro.

Durante once años, me dediqué a la consultoría y formación. Impartí numerosos seminarios de habilidades directivas en una prestigiosa escuela de negocios, en algunas universidades y también en numerosas empresas públicas y privadas.

En todas ellas pude confirmar que la mayoría del alumnado fue capaz de percibir la importancia que tiene en el liderazgo el establecer un patrón relacional basado en los principios colaborativos y de creación de vínculos.

Lo sé de forma objetiva porque en todas ellas realizaban cuestionarios de evaluación de cada seminario, y lo sé de manera subjetiva porque, cuando compartes con tus alumnos modelos de liderazgo o de negociación en los que crees y practicas, se origina un nivel de atención y *feedback* muy concreto.

Los seres humanos nos conformamos en un entramado de relaciones personales y profesionales. A cualquiera de nosotros nos será muy difícil ser aceptado en ese entramado si no cultivamos y aplicamos nuestra inteligencia emocional.

Si profundizamos en las causas que pueden favorecer o dificultar la calidad de nuestras relaciones, tenemos que hacer referencia forzosa a nuestro sistema de creencias que, como hemos visto en este capítulo y también en el de realidad social, se forma en gran parte de manera inconsciente durante la socialización y se acaba de completar con nuestras experiencias personales y nuestra formación académica.

Uno de los objetivos explícitos de este libro es aportar información que ayude a contrastar si nuestras creencias se sostienen en argumentos contrastados por la ciencia o bien son fruto de suposiciones de otros, y nos han sido traspasadas sin haber pasado el filtro de conocimientos ciertos y las hemos incorporado como verdades por haberlas recibido en momentos vitales en los que éramos más vulnerables ya que estábamos aún configurando nuestra percepción del mundo.

Reflexionar de adulto sobre nuestro sistema de creencias, atrevernos a descartar las que no se sostienen y abrirnos a nuevas creencias o ser conscientes de que no existe conocimiento cierto sobre algunos ámbitos centrales de nuestra vida y ser capaces de vivir sin opinión sobre ellos nos puede abrir a dar un giro radical a nuestras expectativas y a cómo experimentamos nuestra vida. La plenitud vital no depende solo de lo que nos pasa, también son cruciales las creencias desde las que vivimos lo que nos pasa.

Os pongo un ejemplo: cuando creemos que conocemos las respuestas, tendemos a vivir en el juicio y la opinión sobre nosotros mismos y sobre todos y casi todo. Cuando sabemos que no conocemos las respuestas a casi ninguna de las grandes preguntas que nos plantea la existencia y abrazamos el «No Sé», tendemos a ser prudentes y a abrirnos a la tolerancia, a la empatía y al sentir, porque ya sabemos que nuestro pensar es un bucle pleno de carencias.

Libre albedrío: un supuesto
ya descartado por la ciencia

El supuesto más implantado a nivel social sigue siendo que los humanos, al nacer, somos hojas en blanco; que, de adultos, tomamos las decisiones importantes de forma consciente, siguiendo el análisis lógico de nuestra razón, y que esas decisiones nos permiten ser los dueños y responsables de nuestro destino.

¿Y si resulta que todas estas suposiciones que tienen tanto impacto en el modelo de organización social no han tenido nunca pruebas concluyentes que los sostengan y son en realidad un discurso hipotético aceptado que nos da pánico cambiar debido a la multitud de consecuencias que conllevaría en la educación, justicia, política, moral y en el modelo de sociedad en su conjunto? Esa es la situación en la que está la teoría sobre el libre albedrío.

Se acostumbra a definir como la capacidad del ser humano de guiar su conducta en base a la toma de decisiones propias ante diferentes alternativas de conducta a elegir. Se entiende por decisión propia aquella que un ser humano toma de forma autónoma y consciente.

A continuación, vamos a analizar en detalle qué ámbitos de la vida de un ser humano ofrecen la posibilidad de que exista una toma de decisiones propias. Por favor, contesta Sí o No en cada una de las siguientes respuestas:

- ¿Decidimos la época histórica en la que nacemos?

- ¿Decidimos la hora, día y lugar en el que nacemos y que configuran nuestra carta natal?

- ¿Decidimos el entorno geográfico en el que nacemos y que marca las opciones socioeconómicas y culturales disponibles y más probables para nuestra vida?

- ¿Decidimos nuestra raza?

- ¿Decidimos ser hombre o mujer?

- ¿Decidimos la carga genética de nuestro cuerpo?

- ¿Decidimos tener una salud frágil o resistente?

- ¿Decidimos nuestro coeficiente intelectual?

- ¿Decidimos los dones que tenemos o no tenemos desde el nacimiento?

- ¿Decidimos la familia en la que nacemos?

- ¿Decidimos ser un niño deseado o un niño no deseado?

- ¿Decidimos quiénes conforman la familia directa de la familia en la que nacemos?

- ¿Decidimos los recursos económicos y culturales de nuestra familia de nacimiento y de la familia directa de nuestra familia, que influenciaron sin duda nuestras opciones educativas y nuestras probabilidades de éxito académico, profesional, social y hasta nuestra esperanza de vida?

- ¿Decidimos cuántos hermanos tendríamos y su papel en nuestro desarrollo emocional?

- ¿Decidimos cómo nos iban a educar nuestros padres en los primeros dos años de vida, los cuales marcaron a fuego nuestra configuración emocional y por tanto la forma de interaccionar y percibir la vida?

- ¿Decidimos la guardería, el parvulario o la escuela primaria a los que fuimos y que tanto influyeron en nuestra personalidad?

- ¿Decidimos el barrio en que nos criamos, los vecinos y amigos de nuestra familia, que sin duda han influido en las expectativas y el imaginario que tenemos para nuestra vida?

- ¿Decidimos las creencias religiosas de nuestros padres y de nuestra familia extensa, las cuales han configurado las nuestras por aceptación o por rechazo?

- ¿Decidimos las creencias políticas de nuestros padres y del entorno en el que nos hemos criado?

- ¿Decidimos las filias y las fobias que nos han intentado inculcar en la familia o el entorno?

Salvo que tengas capacidades paranormales, la respuesta a todas las preguntas anteriores habrá sido un rotundo «no».

Ahora, por favor, pregúntate: ¿Creo que todo lo anterior ha sido una influencia determinante en mi vida? Salvo que seas un superhéroe, la respuesta habrá sido un enorme «sí».

Acabamos de detallar algunos de los factores internos y externos determinantes en el devenir de la vida de una persona y no hay rastro del libre albedrío. Nuestra existencia ya empieza siendo una consecuencia del azar del nacimiento (dónde, cuándo, en qué familia y con qué dones y características hemos nacido, etcétera).

Nuestro temperamento, carácter y personalidad tampoco son una construcción personal autónoma. Un acuerdo generalizado en las ciencias sociales y naturales sostiene que el temperamento de una persona es un rasgo que se hereda, es decir, que cambiarlo está fuera de nuestras posibilidades y por tanto de nuestra decisión personal.

Respecto al carácter y la personalidad, como consecuencia de los procesos de socialización a los que nos referimos en el capítulo anterior, alrededor a los cinco o seis años de edad ya queda formado y sellado su núcleo, así como la percepción del mundo y nuestra forma de sentirlo. Los aprendizajes integrados durante la socialización pueden ser modificados, pero muchos de ellos se han interiorizado de forma inconsciente y por tanto cambiarlos no está al alcance de nuestro pensamiento, ya que nuestro consciente no puede acceder a ellos. Rectificarlos necesita un complejo proceso de introspección y terapia.

Al definir el libre albedrío, hemos incluido el requisito de que las decisiones sean propias y conscientes. A este respecto tenemos que apuntar que los humanos utilizamos nuestra capacidad consciente de forma muy esporádica. Según los datos que muestran los estudios científicos dentro del campo de la neurociencia, el cerebro procesa de forma consciente solo el 5% de la información que le llega, frente al 95% que elabora de manera inconsciente.

Es decir que solo procesamos de forma consciente información durante 72 de los 1.440 minutos que tiene cada uno de nuestros días. No olvidemos que además durante esos 72 minutos estaremos influenciados, entre otros, por toda la lista de factores que hemos visto antes y por tanto puede ser que la decisión que tomemos sea consciente, pero no autónoma. Por ejemplo, en esos 72 minutos diarios de actividad consciente, las personas que nacen y viven en un entorno socioeconómico precario pueden tener las mismas aspiraciones, pero no tienen a su alcance las mismas opciones vitales que sí tiene una persona que vive en un entorno socioeconómico de clase media. Por otro lado, las personas de clase media pueden tener las mismas aspiraciones, pero no tienen las mismas opciones y margen de error que una persona a la que el azar llevó a nacer en un entorno bien estante.

Para la prestigiosa psicóloga y catedrática de la Northeastern University de Boston Lisa Feldman, así como para otros reputados neurocientíficos, ni tan siquiera los movimientos corporales son fruto del libre albedrío. Los expertos se refieren a este hecho como la «ilusión de libre albedrío», porque los humanos tenemos la sensación de que nuestros movimientos se producen en dos pasos: decidir y después mover. En realidad, los estudios indican que el cerebro emite predicciones motrices para mover el cuerpo mucho antes de que seamos conscientes de la intención de moverlo.

El neurocientífico y profesor de la Universidad de California Benjamín Libet fue en 1970 el precursor de esta línea de investigación sobre la actividad neural que ha permitido llegar a estas conclusiones.

Claro que cada uno de nosotros somos el sujeto que en apariencia toma las decisiones de nuestra vida, pero esas decisiones
son tomadas de forma condicionada por factores externos a
nosotros que no hemos elegido y que en su absoluta mayoría no
podemos cambiar con nuestra voluntad (genero, raza, familia,
origen social, temperamento, país de nacimiento, entorno, etc.)
y otras que son alterables han quedado grabadas en nuestro
inconsciente y condicionan también nuestras creencias, pensamientos o deseos, que tampoco son estrictamente autónomos
y originados por un proceso consciente nuestro y particular.

Las personas excepcionales que consiguen derribar todas las
barreras, todos los condicionamientos son eso, excepciones que
confirman el resto de la abrumadora estadística.

Desde que somos bebés nuestro entorno nos «narra» con adje-
tivos de alabanza por las virtudes o de crítica por los defectos
que ellos creen ver en nosotros. Nos dicen de una manera sutil
o expresa lo que esperan de nosotros, sus mandatos, y lo hacen de forma tan continua que al final nosotros, que estamos
en fase esponja, nos creemos que somos esa persona a la que
ellos se refieren y empezamos a hacer nuestro y a responsabili-
zarnos de todo el paquete de información heredado y asignado
después en forma de mensajes o de reacciones a nuestros comportamientos o palabras. Nos convencen con facilidad porque
ellos y el resto de personas que hemos conocido también están
convencidos al 120% de ser quienes dicen ser y de ser protagonistas de su vida.

Dicho de otro modo, no somos hojas en blanco al nacer y cons-
tructores autónomos de nuestro destino, somos hojas casi es-
critas en su totalidad a una edad en la que aún no tenemos uso
de razón. Nos quedan libres solo los márgenes y los pies de
página, y el motor que puede guiar las correcciones de lo escrito
está más allá de nuestra mente consciente y, por lo tanto, fuera
de nuestro control o voluntad regida desde el pensamiento.

En realidad, hablando en propiedad, al *ego*, que supuestamente
toma decisiones, no le deberíamos llamar «nuestro ego», ya que
apenas hemos participado de forma consciente en su construcción. Lo correcto sería llamarle «el ego adoptado de manera
involuntaria». Es entendible que nos encariñemos con él y lo
cuidemos, pero no tiene mucha lógica que estemos tan identi-
ficados con algo tan ajeno a nosotros y que integramos como
propio e irrenunciable en gran parte debido a la insistencia de
nuestro entorno.

Nuestro *ego* es en realidad el primer *fake* de nuestra existencia.

No existe ningún estudio científico empírico que demuestre el
libre albedrío y, sin embargo, hay multitud de estudios científicos empíricos que concluyen que es un supuesto sin base
científica.

Sin embargo, el debate teórico continúa en otros campos del
conocimiento como el de la filosofía, psicología o biología. No
obstante, esas controversias son fruto de diferencias de opinión,
no de hechos, y tienen más que ver con las creencias personales

de los diferentes teóricos que con estudios que demuestren su existencia.

Fuera del campo de la ciencia, algunas de las grandes creencias religiosas nos han hablado de la no existencia del libre albedrío. Lo han hecho con diferente terminología, pero con el mismo trasfondo acerca de la importancia de la aceptación de nuestro karma en cada encarnación (hinduismo) o de la aceptación y resignación ante los designios de Dios (calvinistas y luteranos). En el budismo, se niega la existencia de un yo real, por tanto, no existe una entidad personal que puede tomar decisiones fuera de sus condicionamientos.

Asimismo, los astrólogos han sido consejeros de faraones, emperadores, reyes, sabios y de muchas otras personas de poder. Para ellos, está claro que nacemos con unos potenciales y que nuestra mejor opción es aprender a movernos en el campo que estos nos ofrecen.

Para las personas que han tenido un despertar espiritual, la posición es la misma. Según ellos, nosotros solo podemos ser observadores compasivos de nuestra vida y la libertad reside en la aceptación de ese papel de observador, carente de libre arbitrio. La vida es un sueño que nos vive y en el que nosotros somos puros actores. La vida sucede más allá de nosotros y antes de que la pensemos.

Afirmar la existencia del libre arbitrio permite defender otras teorías no demostradas y muy funcionales para el mantenimiento del *statu quo* de nuestro actual sistema social, como por ejemplo que todos tenemos los mismos potenciales y que el éxito o fracaso de nuestros esfuerzos vitales es lo que determinará nuestro devenir en sociedad. Esa premisa permite declarar que el destino está en nuestras manos y que, si no hemos conseguido nuestras metas, es porque no nos hemos esforzado lo necesario.

También es un argumento que anula la reflexión sobre el porqué de la escandalosa similitud de extracción social de las personas que pueblan las prisiones del planeta. Nos libra de culpa y de pensar que nuestro modelo de organización social no brinda a muchos de sus miembros oportunidades suficientes para salir de unos entornos que los condena a no completar su educación y acceder a medios de vida más dignos, cambiando su imaginario, autoestima y fe en su valía. Todos ellos están muy limitados como consecuencia de que no han podido tener referencias directas a imitar o no han dispuesto dar las herramientas para superar las dificultades que aparecen durante el aprendizaje.

Permitidme que haga un apunte personal. Después de años de trabajo intelectual y práctica espiritual, con el objetivo de eliminar condicionamientos en mi conducta y potenciar mi libre albedrío, fue un *shock* descubrir que los conocimientos científicos actualizados explicaban, sin margen de error, su no existencia. Eso significaba tener que aceptar que no era el protagonista de mi vida. En ese momento sentí un enorme vértigo y rechazo.

Ese cóctel me hizo huir por un tiempo del descubrimiento, hasta que entendí que lo que me estaba mostrando la ciencia era un camino de liberación de unas fantasías sin fundamento que la absoluta mayoría de las personas hemos integrado como evidentes y que en realidad no son ni evidentes, ni beneficiosas, ya que nos han llevado a construir un mundo basado en la búsqueda del desarrollo y enriquecimiento individual, que nos han alejado del *nosotros* y del entorno hasta tal punto que ahora estamos expuestos a un riesgo real de desaparición de nuestra especie.

Yo os pido que sostengáis el vértigo y que os deis tiempo y espacio para ver el abanico de opciones que aporta el nuevo paradigma. Tenéis también una opción intermedia, que consiste en creer por ahora en vuestro libre arbitrio, pero integrar que no existe un soporte científico que lo avale. Como las ruedas auxiliares de la bicicleta, que nos ayudan a atrevernos a aprender, que nos permiten superar el miedo a caernos y hacernos daño y que un buen día desmontamos porque ya confiamos en nuestro equilibrio.

Al tiempo, el rechazo que hayáis sentido al conocer su no existencia se convertirá en humildad, al no poderos atribuir la suerte de vuestro origen social y geográfico; de agradecimiento a la vida por las oportunidades que os ofrece y a las que otras personas no tienen acceso; de compromiso social con todos aquellos que han tenido peor destino; de compromiso personal con explicar lo arbitrario de las supuestas diferencias entre todos los seres humanos.

Esa humildad, agradecimiento y compromiso os llevarán a entender que el crecimiento personal pasa por disolver vuestro ego y no por hacerlo capaz de responder, con mayor o menor acierto, a más preguntas sobre vuestra historia personal. Os llevará a un salto de conciencia en el que el *nosotros* y el cambio de patrones relacionales posibilitará un nuevo *contrato social*.

Soy consciente de que, al proponeros de forma explícita que os atreváis a renunciar a la idea de que sois dueños y protagonistas exclusivos de vuestro destino, quizá os sintáis como si, con argumentos creíbles, os hubiera transportado justo delante de un terrorífico precipicio y el salto no ofrece buenos pronósticos.

Os aseguro que mi intención es bien diferente; es aportar información contrastada que os anime a quitaros velos que no os dejan contactar con vuestra verdadera grandeza, para que podáis ver que el tal precipicio es un simple escalón más en vuestro camino.

No pasa nada porque hayamos tenido suerte en la ruleta y nos encante nuestro personaje, disfrutémoslo, pero sabiendo que la ciencia ya ha podido mostrar que no ha sido fruto de una construcción propia y autónoma.

De hecho, nuestra sensación de existir como individuos es eso, una sensación, una ilusión. Por lo que hemos visto en este capítulo y en los anteriores, los datos apuntan a que somos un *nosotros* configurado por miles de millones de formas individuales e interdependientes.

Para Anil Seth, profesor de Neurociencia Cognitiva y Computacional en la Universidad de Sussex, el *yo* individual es una percepción, no una realidad, al igual que es una percepción subjetiva todo lo que vemos o sentimos y lo que pensamos. Anil Seth llega a afirmar que percibirnos a nosotros mismos como individuos reales puede ser calificado, desde un criterio técnico, como una *alucinación controlada*.

Tenemos que empezar a reconfigurar nuestra idea de un ser humano como consecuencia y no como causa. Como entramado interconectado. Esa visión tiene un efecto transversal en la experiencia vital individual y por supuesto en todo el modelo de organización social. Es el paso que abre la posibilidad al salto evolutivo de individuos a humanos.

A nosotros ahora nos toca aprender a dejar que se vaya difuminando la individualidad que ahora somos y que puebla este planeta. No es una decisión moral o de buenismo. Es una decisión funcional.

Si continuamos apostando por mantener el argumento del libre albedrío, mantenemos el foco en el individuo. Muchos individuos juntos no pueden formar otra cosa que una individualidad. Ese es el modelo de sociedad actual.

Si cambiamos nuestro foco al destino compartido, es decir, a que nuestro destino es el fruto de multitud de factores relacionados con multitud de causas, como las citadas en la relación de preguntas del inicio de este apartado, entonces estaremos apostando por el *nosotros*. A partir de ahí se inicia el camino del humano. Entonces sí, muchos humanos conforman la humanidad.

El planteamiento de destino compartido no es un derivado de una ideología política, inspirada en el socialismo o en el comunismo preoligárquico ruso o precapitalista chino, es un derivado del análisis racional y de lo que nos dicen tanto las ciencias naturales como las sociales.

En la naturaleza no hay ningún ser vivo cuyo destino esté desligado del destino de los otros con los que convive. Eso se multiplica de forma exponencial en el caso del ser humano que, como vimos en el apartado de la evolución del *Homo sapiens*, ha construido su principal herramienta de sobrevivencia y evolución en crear y compartir un mundo simbólico a partir del cual consolidar creencias compartidas y estrechos patrones relacionales que le permiten cooperar y avanzar como civilización.

A partir de ahí, a la pregunta «Si no tenemos libre arbitrio, ¿entonces todo, todo, todo en la vida está determinado?» le corresponde otro «No Sé», y esa será nuestra compañía hasta que encontremos la salida del laberinto.

No hay prisa, la vida en este planeta lleva millones de años sin conocer esa respuesta y sigue floreciendo a cada instante.

La aceptación activa: la mayor desgracia puede traerte el mayor regalo

Comencemos por definir el concepto. Es activa porque aceptar una situación que nos incomoda es una decisión activa, que no significa renunciar, resignarse o tolerar esa situación. Muy al contrario, aceptar de forma activa una situación implica reconocer, integrar y aprender de ella, con el fin de encontrar la mejor manera de abordarla de acuerdo con los recursos disponibles. Aceptar activamente nos permite convertirnos en protagonistas de una solución y no en víctimas de una situación.

Integrar la aceptación activa cambia nuestra vida, ya que todo lo que pasa lo gestionaremos de otra forma y dejará de ser una fuente de sufrimiento, para convertirse en una fuente de aprendizaje y realización personal.

Para conseguir modificar nuestros hábitos e incorporar la aceptación activa como estrategia vital, necesitamos determinación, disponer de la emoción interna, del deseo firme de abandonar la costumbre de la queja o del papel de víctima que es castigada injustamente por la vida.

Por favor, recordad que los seres humanos solo podemos modificar lo que en verdad deseamos modificar, no lo que queremos cambiar con nuestros pensamientos y va en contra de nuestros deseos inconscientes.

Por tanto, para descubrir si estáis en el momento en el que es posible para vosotros incorporar la aceptación activa solo, tenéis que saber que dar este paso precisa de vuestra determinación, pero no de vuestra fuerza de voluntad, es decir que no necesitáis pelear contra vuestros deseos, ya que vuestro nuevo deseo de cambio es más fuerte que la antigua inercia.

Cuando la voluntad y nuestros deseos no van de la mano, estamos intentando alterar algo que desea otra persona y no nosotros. Recurrir a la fuerza de voluntad en contra de nuestros deseos es una muestra de la disposición a ser esclavos de las ideas de otros. La fuerza de la emoción y la no necesidad de utilizar la fuerza de voluntad hablan de coherencia y de plenitud.

Veamos una síntesis del protocolo para incorporar la aceptación activa:

1. Aceptar que una situación existe.

2. Valorar si podemos hacer algo para cambiarla. Si no podemos, el paso siguiente para aceptarla es empezar a diseñar estrategias para convivir con esta situación, de la forma más óptima y con la actitud más constructiva posible. Es decir, incorporarla a nuestra vida desde la actitud de permitirnos descubrir qué experiencias o aprendizajes nos puede aportar.

3. En el caso de que podamos hacer algo para cambiar la situación:

a) Recoger información que nos permita disponer de una valoración objetiva y concreta.

b) Colocar el foco en encontrar soluciones y no en buscar culpables.

4. ¿Cuál es la actitud, desde la aceptación activa, ante la vida cotidiana? Vivimos situaciones, no problemas. Desconocemos qué nos van a aportar las distintas circunstancias que se presentan en nuestra vida y si su impacto va a ser positivo o negativo para nosotros. La mayor de las aparentes desgracias puede ser el origen de un cambio que transforme y dote de sentido nuestra existencia.

El final de la realidad individual: la muerte del cuerpo físico

La vida es un regalo que recibimos como humanos. No viene acompañada de manual de instrucciones, ni de un plan de acción concreto. Sabemos por experiencia que es imprevisible, que no se ajusta a los calificativos de *justa* o *injusta*, que además es finita, ya que nadie ha salido vivo de ella; que empezamos a oxidarnos y a envejecer desde la primera respiración. Nuestra muerte es el único hecho cierto que podemos prever que sucederá, en un momento u otro, con una probabilidad de acierto del 100 %.

El cuerpo físico es el envoltorio en el que la consciencia y el cerebro experimentan la realidad individual. Al igual que desconocemos el origen de la vida, también desconocemos qué sucede después de la muerte.

El cuerpo humano continúa siendo un gran misterio para las ciencias naturales. Está claro que la medicina alopática occidental conoce cómo reparar casi todas sus partes mecánicas, también sabe cómo trasplantar muchos de sus órganos o cómo regular o suplir algunas de sus secreciones internas y externas, pero eso es una parte mínima de su complejo funcionamiento.

Nuestro cuerpo nos ha sido otorgado por azar, como consecuencia de haber nacido en una familia y no en otra. En el momento de nuestro nacimiento es una combinación de los genotipos y fenotipos de nuestra familia de origen.

Es cierto que nosotros de jóvenes o adultos podemos cuidar o maltratar nuestro cuerpo físico, pero salvo contadas excepciones, estas conductas de cuidado o maltrato también estarán muy influenciadas por nuestro entorno vital y educativo. Nuestro cuerpo, al igual que nuestro ego, es también una adopción involuntaria que no tenemos opción de devolver si no estamos conformes con él.

Existen multitud de preguntas sin contestar sobre el cuerpo, tanto a nivel físico como metafísico, más aún si intentamos entrar en profundidad a definir si la existencia como individuos es real o no.

Está claro que cada uno nos percibimos como reales y singulares, pero ¿nos hemos preguntado?: además de mi apariencia física, ¿cuál es esa supuesta singularidad y qué la integra?, ¿somos nuestras creencias, sentimientos, deseos, experiencias, memorias, conocimientos o, por el contrario, como dice el filósofo Julian Baggini, la diferencia significativa entre un individuo y otro es solo cómo se han conectado de forma particular sus creencias, sentimientos, deseos, experiencias, memorias y conocimientos?

Hasta el momento de nuestra muerte iniciamos muchas frases con un «Yo...», y en la realidad su existencia como fruto de nuestras decisiones autónomas no es capaz de sostener una simple lista de preguntas o cualquier análisis científico mínimamente serio, tal como hemos visto en el apartado del libre arbitrio.

Sin embargo, si conjugamos el «nosotros» en lugar del «yo», encontraremos que, durante la vida y en el momento de la muerte, las respuestas cuadran, y que todos *nosotros* somos consecuencias recíprocas y no *sustancias* autónomas. El sentido profundo de nuestra existencia lo encontraremos como *Humanidad* porque como humanos afirmados en su individualidad dejamos una traza muy mejorable.

De hecho, si, en la actualidad, sometieran la supervivencia de nuestra especie a una encuesta entre el resto de especies, me temo que la respuesta de un 99,95% sería un pulgar hacia abajo, como en los circos romanos. Quizá los únicos que votarían que siguiéramos existiendo serían perros y gatos, ya que si nos extinguimos se quedarán sin sujetos con los que practicar la compasión e ir generando buen karma.

En la sociedad occidental ocultamos la muerte. Apenas hablamos de ella fuera de los entierros y de los hospitales. Previo a los velatorios, maquillamos a nuestros muertos, para que no parezcan tan muertos. Hemos dictado normas, basadas en cuestionables argumentos sanitarios, para evitar la costumbre milenaria de los velatorios de varios días, que nos permitían contactar y compartir nuestra condición mortal y acompañar al ser querido difunto en los inicios de su delicado y misterioso tránsito.

Por supuesto hacemos mínimas referencias en los libros escolares. O sea, vivimos la muerte del cuerpo físico como la muerte de nuestra consciencia, y de eso no tenemos constancia en un sentido o en otro. Está claro que la muerte es el final de nuestro cuerpo físico, pero cualquier otra afirmación es personal y subjetiva.

Quizá si habláramos más de la muerte, si estuviera presente en nuestro día a día y por supuesto en nuestra educación escolar y vital, viviríamos nuestro día a día desde una actitud real de impermanencia, sabiendo que la conciencia es lo único que traemos cuando nacemos y que nos llevamos cuando morimos.

Ese convencimiento suavizaría la identificación con nuestro *ego* y nuestro cuerpo, nos haría mas colaborativos y menos competitivos. Nos evitaría perder foco y dedicar tanto tiempo a pensar que somos *ese* personaje que en realidad ni tan siquiera hemos construido nosotros de forma consciente.

Un personaje con un guion que interpretamos tantos días seguidos que al final nos creemos que somos él y que su historia merece ocupar todo el espacio de nuestra consciencia.

Por suerte, la jugada es más amplia y enigmática. No conocemos el origen de la vida, ni su propósito. Desconocemos qué pasa después de la muerte.

Quizá somos aventureros intrépidos, lanzados a un juego de rol que dura decenios de años, sin conocer siquiera a qué hemos venido y cómo debemos actuar en este magnífico escenario e ignorando dónde iremos cuando baje el telón y cuál será la siguiente obra que representaremos, en qué emplazamiento, en qué papel, con qué principio y final.

Quizá en nuestra naturaleza primigenia somos rebeldes revolucionarios que nos atrevemos abrazar un «No Sé» infinito que nos permite vivir en el asombro y en la magia de lo incierto. La que vive en un espacio humilde en el que son bien recibidos todos los mundos y caben todos los juegos. La que es capaz de no dar tanto valor a las preguntas, porque ya no necesita certezas y le parece perfecto que el misterio continúe.

Resumen

Al igual que en los anteriores capítulos sobre la realidad física y la realidad social, los descubrimientos científicos sobre la realidad individual han cambiado las reglas de juego acerca de lo conocido y aceptado sobre los mecanismos de aprendizaje, decisión y activadores o inhibidores del comportamiento humano.

Aceptar e integrar que somos seres emocionales e inconscientes hiere en un primer momento nuestro *ego*, ya que vuelve a poner la relevancia en parámetros fuera de nuestro control. De hecho, nos explica que nuestro consciente no ha tenido por ahora un peso sustantivo en la vida de un ser humano.

Como os decía en el apartado del libre albedrío, os invito a que lo aceptéis por múltiples razones. La primera, porque esa es la verdad contrastada. La segunda, porque detrás de esa aparente pérdida de control aparece una nueva alternativa, centrada en el componente emocional y en la búsqueda de plenitud vital en el encuentro con el *nosotros*.

Desde mi punto de vista, la integración de nuestra naturaleza emocional e inconsciente y las consecuentes modificaciones de los sistemas educativos y patrones relacionales nos llevarán a convertirnos en seres humanos emocionales y conscientes de nuestro rol.

Como conclusión de este capítulo, las ciencias naturales y sociales han descubierto que nuestra vida no está regida por la razón y la consciencia. Muy al contrario, está regida por la emoción y el inconsciente, y desconocemos cómo ser los dueños de ambos, es más esa opción no parece ni técnicamente factible. Así es que bienvenidos al «No Saber», bienvenidos a este misterioso juego al que llamamos VIDA.

La sabiduría del «No Saber»

Los hechos nos muestran que conocemos una mínima parte de casi todo lo imaginable. Si tuviéramos que buscarnos un símbolo que nos represente, este sería el interrogante y nuestra respuesta más común sería un generoso «No Sé», que, por cierto, ha sido ya la respuesta recurrente de algunos de los sabios más respetados.

La revolución del «No Sé» que presento y propongo en este libro, es una rebelión amable que tiene como una de sus misiones centrales aligerar el peso de nuestra existencia y ayudarnos a tener una imagen más real de lo que significa la experiencia vital como ser humano.

Muchas personas adultas sentimos la necesidad de encontrar respuestas para las grandes preguntas de la existencia, y eso nos crea una presión innecesaria, es origen de muchas equivocaciones y el inicio de un profundo sentimiento de frustración, al constatar que no averiguamos las respuestas certeras.

Si queremos fortalecer ante nosotros mismos y ante los demás una imagen de persona culta o por lo menos bien informada, también estamos obligados a tener opiniones ilustradas sobre una cantidad ingente de asuntos de las más variadas naturalezas. Debemos saber de política, religión, medio ambiente, salud, emociones, y un casi inacabable etcétera.

¿Y si resulta que nuestra misión en la vida no es encontrar esas respuestas y ni tan siquiera estamos diseñados para encontrarlas? ¿Quizá le estamos asignando funciones a nuestro cerebro para las que tampoco está diseñado? ¿Y si, como mucho, solo tenemos que hacernos las preguntas y observar qué nos contesta la vida al respecto?

Tal vez desde Descartes estamos exagerando nuestra identidad, rol y capacidades como seres vivos «pensantes» y hemos entrado en una absurda espiral de exigencias estresantes sobre la mente humana que no están justificadas desde los conocimientos científicos consolidados hasta la fecha.

La alternativa que propongo es iniciar un nuevo camino con la revolución del «No Sé», que está basada en cuatro premisas:

- **Actualizar** los conocimientos y creencias de acuerdo con los postulados vigentes de las ciencias naturales y sociales sobre las realidades física, social e individual en las que vivimos inmersos.

- **Abandonar** comportamientos basados en creencias que se originaron a partir de conocimientos científicos que ya están obsoletos.

- **Atreverse** a contestar con un «No Sé» a todas las preguntas sobre las que las ciencias naturales y sociales no tienen respuesta. También contestar con un «No Sé» a las preguntas que sí tienen respuesta, pero sobre las cuales nosotros no tengamos una que hayamos contrastado con información que provenga de especialistas acreditados. Siendo conscientes de que esos especialistas:
  - Como el resto de humanos, desconocen la realidad física en un 96%
  - Tienen una visión subjetiva de la realidad social, ya que la conocen, como el resto de humanos, desde los arbitrarios culturales de su sociedad.
  - Tienen una visión subjetiva de la realidad individual, ya que la conocen, como el resto de los humanos, desde su socialización inconsciente y emocional.

- **Aceptar** nuevas creencias y poner en acción nuevos comportamientos que se ajusten a los conocimientos actualizados que hayan consolidado las ciencias naturales y sociales.

Con la finalidad de hacer una recapitulación que ayude a agrupar nuestras ignorancias, y asumiendo el riesgo de repetir algún contenido, os invito a leer un resumen de los campos actuales de desconocimiento.

Os animo a estudiarlo y contrastarlo para que, después, os podáis relajar el resto de vuestra vida y os podáis entregar a ella con una actitud humilde y abierta al asombro.

Si integráis este resumen, será difícil que ya nadie os pueda llevar de nuevo a la soberbia y al aburrimiento que comporta creer que lo sabemos casi todo y que además tenemos el control de nuestras vidas.

Realidad física

- Desconocemos el origen de la materia (la materia representa el 4% del contenido del universo). Tal y como se plantean en la misión del CERN: «El modelo estándar de física no explica los orígenes de la materia, ni por qué algunas partículas son muy pesadas, mientras que otras no tienen masa en absoluto».

- Desconocemos el origen y la naturaleza de la materia oscura (representa el 23% del contenido del universo). Se llama *materia oscura* porque no emite radiación electromagnética. No se ve ni se puede registrar. Su existencia se deduce a partir de sus efectos en la gravedad de las estrellas y las galaxias.

- Desconocemos el origen y la naturaleza de la energía oscura (representa el 73% del contenido del universo). La energía oscura es la responsable de la dinámica de continuo crecimiento del universo.

- Desconocemos el origen y la naturaleza de la antimateria. Tal y como se plantea en la misión del CERN: «La materia y la antimateria deben haberse producido en las mismas cantidades en el momento del *big bang*, pero, por lo que hemos observado hasta ahora, el universo está hecho solo de materia».

- Desconocemos el origen y la naturaleza de los agujeros negros. En ellos, las leyes de la física estándar dejan de tener sentido. Para explicarlos, debemos recurrir de forma simultánea a la física cuántica y a la teoría de la relatividad de Einstein.

- Desconocemos si existe un único universo o una infinidad de multiversos. Stephen Hawking y Thomas Hertog, como otros tantos físicos, han planteado la posibilidad de que el *big bang* no fuera único, sino que se dieran un gran número de explosiones de las que surgieron multitud de diferentes universos.

- Las ciencias naturales desconocen el origen de la vida.

- Seguimos sin descubrir cómo se dio el paso de la célula procariota a la eucariota, y con ella a toda la compleja vida orgánica en este planeta.

- Las ciencias naturales están de acuerdo en que existe un proceso evolutivo de las especies, pero, hasta la fecha, desconocemos con certeza qué tipo de evolución se da en la naturaleza, cuáles son sus procedimientos y si existe o no una finalidad en ella. Asimismo, no sabemos la evolución concreta que dio paso a la aparición de los cinco reinos de seres vivos (animal, vegetal, fungí, protoctista y monera).

- Sabemos que somos seres líquidos, pero desconocemos el proceso de regeneración del agua en el interior de las células, asimismo desconocemos la importancia de la calidad del agua en el proceso de renovación celular, al igual que no sabemos cuáles son las estructuras moleculares del agua dentro y fuera de las células o cómo medir la vitalidad o ausencia de vitalidad de un agua. Tampoco sabemos cómo medir la influencia en la reducción de la calidad del agua debido a la pérdida del movimiento en vórtice que tiene el agua en la naturaleza o la capacidad del agua para ser el medio de almacenamiento y transporte de información y/o frecuencias a nuestro organismo.

Realidad social

- Las ciencias sociales no pueden conocer la realidad social objetiva, porque no existe esa realidad social objetiva. No obstante, sí que existen códigos legislativos y morales que la intentan regular y que, además, son bien diferentes según las zonas del planeta donde vivas. Los humanos nos organizamos en sociedades regidas por arbitrarios culturales, que nos explican cuáles son esas supuestas realidades sociales objetivas a las que nos debemos ajustar.

- El siglo XXI, siglo de las comunicaciones en red y de la sobreoferta informativa, nos ha enseñado que, además de no existir una realidad social objetiva, no es posible conocer la verdad, porque esta ya no se sustenta en los hechos, sino en las interpretaciones. Ha nacido la posverdad.

- Las ciencias sociales conocen cómo funciona la socialización primaria que recibimos en la infancia, en la que aprendemos de forma inconsciente las pautas que en gran parte condicionarán nuestra forma de actuar y sentir el mundo, pero desconocen cómo deshacer los errores de ese aprendizaje.

- Las ciencias naturales y sociales saben que la evolución de la vida en el planeta Tierra se ha sustentado sobre la capacidad de colaboración entre organismos. Conocen que la prevalencia del *Homo sapiens* sobre el resto de los homínidos tuvo como causa principal su capacidad de colaborar y formar entramados sociales, su capacidad relacional. No obstante, seguimos sin entender cómo implementar este principio de colaboración versus competencia en el contexto educativo, laboral, familiar y afectivo.

Realidad económica

- El futuro económico ya no es previsible. La liberalización de los mercados financieros ha desencadenado prácticas opacas y especulativas carentes de racionalidad y por tanto de diagnóstico con suficiente grado de certidumbre.

- Sabemos que la globalización de la economía mundial y las estrategias *low cost* no son ambiental y socialmente sostenibles, pero desconocemos las estrategias y herramientas para que nuestros gobiernos puedan convencer a las grandes corporaciones para que cambien estas prácticas.

- Sabemos que la inteligencia artificial y la robótica cambiarán de manera radical el mercado de trabajo, que generarán millones de nuevos puestos y muchos más millones de desempleos por la automatización de la mayoría de las tareas. Desconocemos cómo solucionaremos ese gran problema social y cómo se ajustará la demografía a esa nueva realidad.

- Las altas temperaturas y los ya recurrentes desastres naturales han hecho evidente que la crisis climática es una realidad, pero desconocemos cómo combatirla de forma efectiva, ya que no somos capaces de conseguir un consenso internacional que nos lleve a aplicar las medidas que los expertos científicos reclaman como necesarias y urgentes. La crisis climática será uno de los mayores agentes de cambio social de las próximas décadas.

Realidad individual

- Las ciencias naturales y sociales desconocen el origen, naturaleza y ubicación de la consciencia, que es el instrumento con el que en teoría conocemos la realidad individual. Lo que sabemos por ahora es la ubicación y las funciones del cerebro. Desconocemos por qué la incesante actividad intrínseca del cerebro ocupa el 90% de las conexiones neuronales en la elaboración continua de predicciones, que nos imposibilitan tener un conocimiento objetivo de la realidad.

- Al igual que con la consciencia, desconocemos el origen, naturaleza y ubicación del inconsciente. La neurociencia ha demostrado que el inconsciente procesa el 95% de toda la información que recibimos.

- De los dos puntos anteriores se deduce que es correcto afirmar que los seres humanos tenemos consciencia, pero defender que la conducta es guiada por nuestra consciencia es un supuesto sin base científica.

- No existe ningún estudio científico que demuestre la existencia del libre albedrío y, sin embargo, hay multitud de estudios científicos empíricos que concluyen que es un supuesto sin base científica.

- Sabemos que el factor clave para el éxito en el aprendizaje, de contenidos y de conductas, es el componente emocional, es decir, la motivación para aprender y obtener buenos resultados. Ya conocemos que desarrollar una óptima inteligencia emocional nos proporciona más plenitud vital y una mejor interacción social que tener una óptima inteligencia cognitiva, pero desconocemos cómo implementar un sistema educativo basado en las emociones y no sustentado sobre la memoria y el componente cognitivo.

- Ya sabemos que los seres humanos somos seres emocionales, relacionales e inconscientes, y que la afirmación de que los seres humanos somos conscientes y racionales es un supuesto sin base científica.

- Del cerebro conocemos el *cableado interior* de la red neuronal, las zonas que se activan para cada uno de los tipos de actividad cerebral, su interacción con las otras partes del organismo, etc. Pero no existe ninguna teoría explicativa del funcionamiento integral del cerebro.

- Sabemos que la medicina alopática es, sin duda, de gran utilidad para ayudarnos a mantener un buen estado de salud física, pero por ahora solo puede aportar terapéuticas mecánicas, de radiación, cirugía o fármacos químicos. Como sucedía con el cerebro, no se ha postulado ninguna teoría explicativa sobre el funcionamiento integral del cuerpo humano que incorpore también los componentes eléctricos, electromagnéticos y energéticos que la medicina alopática puede medir, pero no sabe cómo tratar.

En algún momento de nuestra historia reciente, en particular desde el Renacimiento, los humanos hemos necesitado considerarnos capaces de tener respuestas a todas las preguntas imaginables, y además nos hemos empeñado en tener razón con cada una de sus diferentes versiones, incluso a sabiendas de que las cambiamos con cierta frecuencia.

Hemos creído que nuestra sabiduría se sostenía en esa capacidad, y esto nos ha llevado a confeccionar explicaciones de lo más variopintas y erróneas sobre multitud de ámbitos de la realidad física, social e individual. A pesar de nuestros patinazos prémium, la pulsión es tan grande que, en lugar de sentir un tanto de prudencia y dedicarnos a otros menesteres, seguimos obsesionados con esa habilidad imposible.

Mi propuesta es que seamos creativos, no proponiendo una nueva respuesta, sino atreviéndonos a considerar que igual encontrar respuestas a todo lo imaginable no es la función central de nuestro cerebro, ni tampoco la de los seres humanos.

Quizá la vida como humano es un regalo que recibimos para asistir a ella y dejarnos atravesar por sus misterios y sus sorprendentes dinámicas, con un espíritu colaborativo y más de aprendizaje e intercambio que de juez evaluador y dictador de leyes universales.

La propuesta de la revolución del «No Sé» es asumir la condición de ignorantes en progreso. Desde ahí es más probable que nos autopermitamos constatar la inconsistencia y arbitrariedad de la mayoría de nuestras creencias y comportamientos actuales, lo que nos habilitará para abandonarlos y atrevernos a integrar en nuestra vida nuevas creencias y comportamientos inclusivos, colaborativos y abiertos a la incertidumbre.

La sabiduría del no saber es la última estación en el viaje del conocimiento humano. Podemos llegar a ella cuando nuestro interés por conocer ha sido suficiente como para haber desvelado la inacabable magnitud de nuestra ignorancia, cuando hemos podido descubrir que nuestra maravillosa mente es una herramienta imprescindible para regular nuestro cuerpo y hacer posible nuestra logística vital, pero no está diseñada con las capacidades necesarias para poder desentrañar, entre otros muchos misterios, el origen de la vida o la naturaleza del vacío, la energía y los campos electromagnéticos, que ya sabemos que conforman el 99,9999999% de la materia de nuestro cuerpo y de toda la realidad que nos rodea. *La sabiduría del no saber* nos lleva de vuelta a nuestra naturaleza real, al vacío y al silencio en los que la VIDA y nuestra vida son.

El paradigma HUMANEN: síntesis y estrategias para las cuatro realidades

Defino *paradigma* como el conjunto de conocimientos, experiencias y creencias que integramos como ciertos y que configuran el tipo de interacciones que tenemos con el mundo en el que vivimos. El acrónimo HUMANEN, con el que he denominado este nuevo paradigma, tiene el siguiente significado:

HU (*Holistic and Unknown Physical Reality*)
MA (*Manipulable and Arbitrary Social Reality*)
N (*Not predictable and Not Sustainable Economic Reality*)
EN (*Emotional and Not Conscious Individual Reality*)

HU (realidad física desconocida e intangible)
MA (realidad social manipulable y arbitraria)
N (realidad económica no predecible y no sostenible)
EN (realidad individual emocional y no consciente)

Veamos algunas de las herramientas principales que nos permitirán actuar, de forma coherente, en este nuevo paradigma:

HU: realidad física desconocida e intangible

- **Tener una visión holística de la realidad física:** colocar la energía, el vacío y los campos electromagnéticos en el centro de la explicación como causa, y la materia como efecto. Recordar que los sentidos nos ofrecen información errónea sobre la realidad física y que por tanto no sirven como instrumentos para discriminar qué es real y qué no.

- **Aceptar el «No Sé» como respuesta recurrente:** No olvidemos que la ciencia desconoce casi totalmente el 96% de la realidad física en la que vivimos y no conoce el origen del otro 4%, la materia. Recuperemos la humildad, nuestra capacidad de asombro y de generación de planteamientos disruptivos que ayuden a encontrar nuevas vías de conocimiento que posibiliten descifrar los actuales misterios que nos plantea la realidad física.

MA: realidad social manipulable y arbitraria

- **Activar prácticas de compromiso social y de cooperación:** Nos conducirá a ser proactivos y participativos en la construcción de una nueva realidad social que coloque el *nosotros* en el centro y que permita neutralizar la sobreinformación no contrastada y las posverdades. Recordemos que la cooperación ha sido la principal clave del éxito evolutivo. Más allá del discurso moral o ideológico, el compromiso social y la cooperación son prácticas de eficiencia que permitirán corregir las conductas competitivas que están poniendo a nuestra especie en riesgo de autoextinción.

- **Incorporar prácticas de introspección:** que nos permitirán constatar el origen inconsciente e inducido de nuestras creencias, generadas a partir de arbitrarios culturales que, con excesiva frecuencia, nuestra historia nos obliga a describir como poco racionales y poco éticos. Esta introspección posibilitará que seamos tolerantes y abiertos al cambio, al entender que somos recolectores de creencias ajenas, originadas por otras personas que fueron a su vez recolectoras. Estas prácticas ayudarán a desarrollar habilidades como la creatividad en entornos hipercomplejos y la intuición.

EN: realidad económica no predecible y no sostenible

- **Apoyar medidas que doten de mayor transparencia y regulación a los mercados financieros:** fomentaremos la vuelta a comportamientos más racionales de los agentes económicos y por tanto a una mayor predictibilidad de los mercados. La regulación permitirá la vuelta a prácticas más sostenibles y menos especulativas. Necesitamos volver a basar nuestra realidad económica en la generación de economía real de bienes y servicios y no en la subordinación de estos a una economía especulativa.

- **Planificar a corto plazo:** dependiendo del sector, la nueva realidad económica, carente de predictibilidad a largo plazo, demanda planificaciones semestrales, anuales o como máximo bianuales.

- **Apoyar el desarrollo de estrategias sostenibles:** que promuevan una reducción en la externalización de producción de bienes y servicios, el uso de tecnologías, combustibles y materiales más respetuosos con el medio ambiente, el cambio de hábitos de consumo y normativas gubernamentales de transición ecológica.

- **Fomentar un modelo de liderazgo relacional:** que ponga su foco en la creación de vínculos, en el reconocimiento y en dar visibilidad a todos los colaboradores, que gracias a ello son capaces de dar respuestas ágiles y adaptadas a las cambiantes realidades del mercado y a las expectativas profesionales de los cada vez más capacitados equipos de trabajo.

EN: realidad individual emocional y no consciente

- **Promover la educación relacional:** ya conocemos la naturaleza social y emocional del ser humano y la relevancia del inconsciente en nuestra conducta y aprendizaje; por tanto, la educación tiene que poner el eje en esas singularidades y desde una perspectiva holística y relacional, que considere que la plenitud vital es posible si aprendemos a vivir en relación armónica con nosotros mismos, gracias a poder expresar nuestros dones; con los otros, gracias a haber sido educados en el nosotros, y con nuestro entorno, gracias a haber aprendido conductas de respeto y sostenibilidad. Ahora ya sabemos que para conseguirlo necesitamos ser educados de forma que seamos capaces de interactuar desde nuestros sentimientos, sentidos e intelecto.

• **Integrar la aceptación activa como guía de comportamiento:** posibilitará gestionar la no existencia del libre albedrío y optimizar nuestras respuestas ante las situaciones que se presenten en nuestra vida cotidiana. Además de generar una actitud humilde al no podernos atribuir el mérito de nuestro origen social, geográfico, raza o género.

Permitirá que integremos con facilidad un mayor compromiso con las otras personas a las que el azar proveyó con menos recursos. En definitiva, tener constancia de la no existencia del libre albedrío e integrar la aceptación activa permitirá que demos un salto evolutivo al entender que somos ante todo un nosotros y no individuos aislados que viven en la fantasía sin fundamento científico de «hembras o machos alfa hechos a sí mismos». Esta es una de las principales claves que permitirán un cambio de los patrones relacionales y que construyamos un nuevo contrato social.

• **Tener una visión holística de la salud:** priorizar los alimentos no procesados y cuando sea posible ecológicos y el agua potable filtrada y dinamizada. Vivir y trabajar en espacios saludables. Complementar las terapias alopáticas con otras terapias alternativas que contemplen el componente sutil y energético del cuerpo físico, cuya importancia central han hecho visibles los conocimientos científicos actualizados.

• **Practicar la presencia consciente:** aumentar los espacios de silencio interior y exterior que nos permitirán conectar con el testigo que somos, más allá de los pensamientos que genera la continua e inconsciente actividad intrínseca del cerebro. Estar presentes de forma consciente nos ayudará en el desarrollo de la intuición y la resiliencia.

Todos los seres vivos tenemos la facultad de la presencia plena. Esa capacidad la podemos observar en las mascotas, que viven así de forma continua. Para los humanos, estar en presencia consciente entra en oposición con la actividad intrínseca e inconsciente del cerebro, que nos hace creer que somos nuestros incesantes pensamientos y oculta al testigo que hay detrás de ellos, a nuestra consciencia más allá del pensamiento.

Hay muchas vías que pueden ayudarnos a contactar con nuestro testigo, incluida la práctica sencilla de vivir en conexión consciente con nuestra respiración, mientras se dan los dulces vaivenes de expansión y contracción de nuestro abdomen y observamos sin juzgar los pensamientos que van apareciendo y desapareciendo en nuestra mente.

Algo tan elemental es a la vez revelador, ya que al ser una experiencia corporal proporciona un *insight* que queda al margen de toda duda mental. Permite que aparezca la conciencia que somos, más allá de nuestros pensamientos e independiente de ellos. Nos ayudará a ser pacientes y a visitar ese espacio tantas veces como sea posible y entregarnos hasta desaparecer del *estar* y aparecer en el *SER* que somos.

Epílogo

Después de siglos de confrontación entre las cosmovisiones de la ciencia y la mística cristiana, islamista, hinduista o budista, ahora vivimos una época en la que todas concuerdan en la descripción genérica de la realidad que atraviesa la experiencia de una vida humana. Por primera vez en la historia, tenemos pruebas empíricas de que, como humanos, vivimos en el sueño no consciente de nuestra mente.

Los conocimientos científicos actualizados nos han permitido constatar que somos parte de una realidad física desconocida e intangible, de una realidad social arbitraria y manipulable, y de una realidad individual no consciente y emocional.

Como os comentaba en el prólogo, ahora podemos reconfigurar nuestro rol como especie que vive en interdependencia con el planeta y con el resto de seres vivos. Ya sabemos que la clave del éxito de nuestra evolución ha sido la colaboración y no la competencia o la dominación; por tanto, sabemos que esa es la estrategia que nos seguirá posibilitando la existencia de un futuro para nuestra especie.

La revolución del «No Saber» consiste en rendirnos a nuestra ignorancia, fusionarnos con ella y dejar que nos dé la auténtica medida de nuestra grandeza como portadores de vacío, campos electromagnéticos y energía, ya que eso es el 99,9999999% de la materia de nuestro cuerpo. Seres que están en los inicios del desarrollo de su naturaleza colaborativa y emocional. Portadores de consciencia mental y, lo que es más significativo, de consciencia más allá de los pensamientos. Mensajeros del silencio.

Parece que estamos en tiempos de destrucción, pero desde mi punto de vista, en realidad son tiempos de integración, de implosión para conseguir una fusión total con la VIDA. Tiempos de transformación y de esperanza.

Agradecimientos

Agradezco haber nacido como ser humano y que haya sido en este momento histórico tan polarizado, pero con tanto potencial de creación, aprendizaje y cambio.

Agradezco haberlo hecho dentro de una familia que siempre me apoyó y animó para que no abandonara mis estudios.

Agradezco haber tenido buenos profesores y maestros que me han ayudado a no perderme en mi inacabable curiosidad sobre la condición humana y la búsqueda de sentido.

Agradezco poder disfrutar de amigos tan diversos y haber tenido la suerte de que, entre ellos, haya personas despiertas que son para mí la confirmación de cuál es nuestra verdadera naturaleza, así como la constatación de que la vida no es dual y, por tanto, no tiene propósito moral o material concreto.

Agradezco cada mañana seguir compartiendo mi vida con Jai Arumi, mi compañera de viaje y propósito.

Agradezco a la vida, que me ha tratado con delicadeza y me ha permitido conocer el aburrimiento creativo, la impotencia movilizadora, la sinrazón del pensamiento, la curiosidad inagotable, el desespero voluntarioso, la entrega apasionada sin propósito, el placer sin remordimiento y el amor sin esperar nada a cambio.

Gracias, gracias, gracias, gracias, gracias y gracias.

Bibliografía recomendada

Capítulo 1. La realidad física

Ball, Philip (2008). *H2O : Una biografía del agua*. Madrid, Editorial Turner.

Bohm, David; Peat, David (1998). *Ciencia, orden y creatividad: las raíces creativas de la ciencia y la vida*. Barcelona, Editorial Kairós.

Einstein, Albert (2012). *Sobre la teoría de la relatividad especial y general*. Barcelona, Alianza Editorial.

Feynman, Richard (1999). *Lectures on Physics*. Nueva York, Perseus Publishing.

Gagnon, Pauline (2018). *Who Cares about Particle Physics?: Making Sense of the Higgs Boson, the Large Hadron Collider and CERN*. Oxford, Oxford University Press.

Greene, B. (2012). *El universo elegante: supercuerdas, dimensiones ocultas y la búsqueda de una teoría final*. Barcelona, Editorial Booket.

–. (2016). *El tejido del cosmos*. Barcelona, Editorial Crítica.

Hawking, S. (2011). *Historia del tiempo*. Barcelona, Alianza Editorial.

Hawking, S.W. ; Mlodinow, Leonard (2013). *El gran diseño*. Barcelona, Editorial Booket.

Montaigner, Luc; Niaussat, M. (2009). *Le Nobel et le Moine* (*Dialogues de notre temps*). Le Mans, Editions Libra Diffusio.

Pollack, Gerald (2013). *Fourth Phase of Water: Beyond Solid, Liquid & Vapor.* Seattle, Ebner and Sons Publishers.

Popper, K. (1985). *La lógica de la investigación científica*. Madrid, Editorial Tecnos.

Rees, Martin (2004). *Nuestra hora final. ¿Será el siglo XXI el último de la humanidad?* Barcelona, Editorial Crítica.

Rees, Martin (2019) *En el futuro: perspectivas para la humanidad*. Barcelona, Editorial Crítica.

Schorödinger, Erwin (2018). *¿Qué es la vida?* Barcelona, Tusquets Editores.

Sent-Györgyi, Albert (2007). *The Crazy Ape*. Nueva York, New Publisher.

Sussman, Gerald Jay; Wisdom, Jack (2001). *Structure and Interpretation of Classical Mechanics*. Cambridge. Ed: MIT Press.

Capítulo 2. La realidad social

Berger, Peter L.; Luckmann, Thomas (1986). *La construcción social de la realidad*. Buenos Aires, Amorrortu.

Bermúdez de Castro, José María (2021). *Dioses y mendigos: la gran odisea de la evolución humana*. Barcelona. Editorial Crítica.

Bourdieu, Pierre; Passeron, Jean-Claude (2001). *La reproducción: elementos para una teoría del sistema de enseñanza.* Madrid, Editorial Popular.

Cisternas Chávez, Arnoldo; Quintana Forns, Joan (2018). *Educació relacional. Deu Claus per una pedagogia del reconeixement.* Madrid, Fundación SM.

Dawkins, Richard (1990). *El gen egoísta.* Madrid, Editorial Bruño.

Ferguson, Niall (2004). *Empire: How Britain Made the Modern World.* Londres. Penguin Books.

Gergen, Kenneth J. (2015). *El ser relacional. Más allá del yo y de la comunidad.* Bilbao, Editorial Desclée De Brouwer.

Hoyle, Fred (1984). *El universo inteligente.* Barcelona, El Círculo de Lectores.

Lovelock, James (1985). *Gaia, una nueva visión de la vida sobre la tierra.* Turlock, Ediciones Orbis.

Lovelock, J.; Bateson, G; Margulis, L.; y otros (1989). *GAIA. Implicaciones de la nueva biología.* Barcelona, Editorial Kairós.

Margulis, Lynn (2003). *Una revolución en la evolución.* Valencia, Col·leció Honoris Causa. Universitat de València.

Marks, Robert B. (2007). *Los orígenes del mundo moderno.* Barcelona, Editorial Crítica.

Matilla Quiza, María Jesús (2018). *Sufragismo y feminismo en Europa y América (1789-1948).* Madrid, Editorial Síntesis.

Mead, G.H. (1972). *Espíritu, persona y sociedad.* Buenos Aires, Paidós.

Merton, R. (1964). *Teoría y estructuras sociales.* México, Editorial Fondo de Cultura Económica.

Noah Hariri, Juval (2015). *De animales a dioses. Breve historia de la humanidad*. Barcelona, Editorial Debate.

Quintana Forns, Joan; Cisternas Chávez, Arnoldo (2014). *Relaciones poderosas: Vivir y convivir. Ver y ser vistos*. Barcelona, Editorial Kairós.

Quintana Forns, Joan; Iturrioz, Jesus Mari (2020). *Equipos EVO. Equipos en evolución para gestionar la complejidad e incertidumbre*. Sevilla, Punto Rojo Libros.

Smith, Simon C. (1998). *British Imperialism 1750-1970*. Cambridge, Cambridge University Press.

Tannenbaum, Frank (1968). *El negro en las Américas. Esclavo y ciudadano*. Buenos Aires, Paidós.

Tudge, Colin (2014). *Por qué el gen no es egoísta*. Madrid. Arte Editorial.

Wilson, Edward (1999). *Consilience, la unidad del conocimiento*. Barcelona, Galaxia Gutemberg.

Capítulo 3. La realidad individual

Allport, Gordon (1985). *La personalidad: Su configuración y desarrollo*. Barcelona, Editorial Herder.

Ariel Fox, Erica (2014). *Mas allá del sí. Un método para superar el autosabotaje y negociar con éxito*. Barcelona, Editorial Conecta.

Baggini, Julian (2012). *La trampa del ego: Qué significa ser tú*. Barcelona, Paidós.

Bandura, Albert (1985). *Social Foundations of Thought and Action: A Social Cognitive Theory (Prentice-Hall Series in*

Social Learning Theory). Nueva Jersey. Financial Times Prentice Hall.

Banks, William (2009). *Encyclopedia of consciousness*. Ámsterdam. Elsevier/Academic Press.

Crick, F.C. & Koch, C. (2003). «What are the neural correlates of consciousness?» en *Problems in Systems Neuroscience*. Nueva York. Eds. Van Hemmen, L. & Sejnowski, T.J. Oxford University Press.

Chalmers DJ. (1999). *La mente consciente. En busca de una teoría fundamental*. Barcelona, Gedisa.

Damasio, Antonio (2018). *El error de Descartes: La emoción, la razón y el cerebro humano*. Barcelona, Editorial Booket.

Dennet DC. (2006). *Dulces sueños. Obstáculos filosóficos para una ciencia de la consciencia*. Madrid, Katz Editores.

Edelman, G.M. (1989). *The Remembered Present: A Biological Theory of Consciousness*. Nueva York. Basic Books.

Feldman Barret, Lisa (2017). *La vida secreta del cerebro*. Barcelona, Paidós.

Freud, Sigmund (2017). *Obras completas*. Madrid, Biblioteca Nueva.

Gardner, Howard (2019). *La inteligencia reformulada. Las inteligencias múltiples en el siglo XXI*. Barcelona, Paidós.

Goleman, Daniel (2001). *Inteligencia emocional*. Barcelona, Editorial Kairós.

Jung, Carl (2009). *Arquetipos e inconsciente colectivo*. Buenos Aires, Ediciones Paidós.

Libet, Benjamin; Freeman, Anthony and Sutherland, Keith. (1999). *The volitional brain: towards a neuroscience of free will*. Exeter, Academic Imprint Editors.

Mlodinow, Leonard (2013). *Subliminal: cómo tu inconsciente gobierna tu comportamiento*. Barcelona, Editorial Crítica.

Piaget, Jean. (2015). *Psicología del niño (edición renovada): 13 (Raíces de la Memoria)*. Editorial Morata.

Pradeep, A.K. (2010). *The Buying Brain*. Nueva Jersey. Edit. Wiley.

Schorödinger, Erwin (2016). *Mente y materia: ¿qué procesos biológicos están directamente relacionados con la conciencia?* Barcelona, Tusquets editores.

Siegel, Daniel J. *Viaje al centro de la mente. Lo que significa ser humano* (2017). Barcelona, Editorial Paidós.

–. (2011). *Mindsight: La nueva ciencia de la transformación personal*. Barcelona, Editorial Paidós.

–. (2007). *La mente en desarrollo*. Bilbao, Desclée de Brouwer.

Skinner, B.F. (1977). *Sobre el conductismo*. Barcelona, Editorial Fontanella.

Taylor, Steve (2018). *El salto. El mapa del despertar espiritual*. Madrid, Gaia Ediciones.

Teilhard de Chardin, Pierre (1986). *El fenómeno humano*. Madrid, Taurus Ediciones SA.

Wegner, Daniel Merton (2002). The Illusion of Conscious Will. Cambridge, MIT Press.

editorial airós

Puede recibir información sobre
nuestros libros y colecciones inscribiéndose en:

www.editorialkairos.com
www.editorialkairos.com/newsletter.html

Numancia, 117-121 • 08029 Barcelona • España
tel. +34 934 949 490 • info@editorialkairos.com